技工院校一体化课程教学改革电梯工程技术专业教材

扶梯一般故障检修

人力资源社会保障部教材办公室组织编写

中国劳动社会保障出版社

内容简介

本书主要内容包括扶梯不运行故障检修、扶梯梯级下陷故障检修和扶梯扶手带抖动故障检修三个学习任务。

图书在版编目(CIP)数据

扶梯一般故障检修 / 人力资源社会保障部教材办公室组织编写 . -- 北京：中国劳动社会保障出版社，2020

技工院校一体化课程教学改革电梯工程技术专业教材

ISBN 978-7-5167-4501-4

Ⅰ. ①扶…　Ⅱ. ①人…　Ⅲ. ①自动扶梯 – 故障诊断 – 技工学校 – 教材②自动扶梯 – 故障修复 – 技工学校 – 教材　Ⅳ. ①TU857

中国版本图书馆 CIP 数据核字（2020）第 155103 号

中国劳动社会保障出版社出版发行

（北京市惠新东街 1 号　邮政编码：100029）

*

北京谊兴印刷有限公司印刷装订　新华书店经销

787 毫米 ×1092 毫米　16 开本　9.5 印张　167 千字

2020 年 11 月第 1 版　　2025 年 1 月第 2 次印刷

定价：19.00 元

营销中心电话：400-606-6496

出版社网址：http://www.class.com.cn

http://jg.class.com.cn

技工院校一体化课程教学改革教材编委会名单

编审委员会

主　任：汤　涛

副主任：张立新　王晓君　张　斌　冯　政　刘　康　袁　芳

委　员：王　飞　杨　奕　何绪军　张　伟　杜庚星　葛恒双

　　　　蔡　兵　刘素华　李荣生

编审人员

主　编：陶丽芝

副主编：孙文涛　罗　飞

参　编：陈恒亮　彭旭昀　汪立极　潘典旺　李文秋

主　审：徐义楠

序

习近平总书记指示："职业教育是国民教育体系和人力资源开发的重要组成部分，是广大青年打开通往成功成才大门的重要途径，肩负着培养多样化人才、传承技术技能、促进就业创业的重要职责，必须高度重视、加快发展。"技工教育是职业教育的重要组成部分，是系统培养技能人才的重要途径。多年来，技工院校始终紧紧围绕国家经济发展和劳动者就业，以满足经济发展和企业对技术工人的需求为办学宗旨，既注重包括专业技能在内的综合职业能力的培养，也强调精益求精的工匠精神的培育，为国家培养了大批生产一线技能劳动者和后备高技能人才。

随着加快转变经济发展方式、推进经济结构调整以及大力发展高端制造业等新兴战略性产业，迫切需要加快培养一批具有高超技艺的技能人才。为了进一步发挥技工院校在技能人才培养中的基础作用，切实提高培养质量，从2009年开始，我部借鉴国内外职业教育先进经验，在全国200余所技工院校先后启动了三批共计32个专业（课程）的一体化课程教学改革试点工作，推进以职业活动为导向，以校企合作为基础，以综合职业能力培养为核心，理论教学与技能操作融会贯通的一体化课程教学改革。这项改革试点将传统的以学历为基础的职业教育转变为以职业技能为基础的职业能力教育，促进了职业教育从知识教育向能力培养转变，努力实现"教、学、做"融为一体，收到了积极成效。改革试点得到了学校师生的充分认可，普遍反映一体化课程教学改革是技工院校一次"教学革命"，学生的学习热情、综合素质和教学组织形式、教学手段都发生了根本性变化。试点的成果表明，一体化课程教学改革是转变技能人才培养模式的重要抓手，是推动技工院校改革发展的重要举措，也是人力资源社会保障部门加强技工教育和职业培训工作的一个重点项目。

教学改革的成果最终要以教材为载体进行体现和传播。根据我部推进一体化课程教学改革的要求，一体化课程教学改革专家、几百位试点院校的骨干教师以及中国人力资源和社会保障出版集团的编辑团队，组织实施了一体化课程教学改革试点，并将试点中形成的课程成果进行了整理、提炼，汇编成教材。第一批试点专业教材2012年正式出版后，得到了院校的认可，我们于2019年启动了第一批试点专业教材的修订工作，将于2020年出版。同时，第二批、第三批试点专业教材经过试用、修改完善，也将陆续正式出版。希望全国技工院校将一体化课程教学改革作为创新人才培养模式、提高人才培养质量的重要抓手，进一步推动教学改革，促进内涵发展，提升办学质量，为加快培养合格的技能人才做出新的更大贡献！

技工院校一体化课程教学改革
教材编委会
2020年5月

目　录

学习任务一　扶梯不运行故障检修……（1）
学习活动1　明确检修任务……（3）
学习活动2　检修前的准备……（14）
学习活动3　制订检修计划……（34）
学习活动4　检修实施……（41）
学习活动5　工作总结与评价……（56）
学习任务二　扶梯梯级下陷故障检修……（61）
学习活动1　明确检修任务……（63）
学习活动2　检修前的准备……（68）
学习活动3　制订检修计划……（80）
学习活动4　检修实施……（83）
学习活动5　工作总结与评价……（98）
学习任务三　扶梯扶手带抖动故障检修……（103）
学习活动1　明确检修任务……（105）
学习活动2　检修前的准备……（112）
学习活动3　制订检修计划……（121）
学习活动4　检修实施……（124）
学习活动5　工作总结与评价……（140）

学习任务一　扶梯不运行故障检修

学习目标

1. 能读懂故障检修任务书和扶梯维修与保养记录单，与客户等相关人员进行专业沟通，明确检修任务。

2. 能描述扶梯的基本结构和工作原理，分析扶梯主要电气原理图。

3. 能进行现场勘查，与小组成员沟通，确定现场是否符合检修条件。

4. 能制订扶梯不运行故障的检修计划和方案，并进行方案优化。

5. 能根据安全操作规程和检修规范，正确使用工量具和防护用品。

6. 能进行扶梯电气元器件的检查、更换与调整。

7. 能进行扶梯电气回路的检查与故障排除。

8. 能进行扶梯驱动部件的清洁、润滑与调整。

9. 能按行业标准对故障检修结果进行自检，确保扶梯可以安全可靠运行，并交付项目主管验收。

10. 能完成扶梯不运行故障检修的工作总结与评价。

11. 检修过程中能严格执行各项安全生产制度、环保制度及生产现场管理6S标准。

建议学时

40学时

工作情境描述

某大厦的扶梯不运行了，客户向维修企业客服报修后，客服将问题反映给维保部经理，维保部经理将任务分配给维修人员，要求在 2 h 内完成扶梯不运行故障的检修工作，使扶梯正常运行，完成后交付验收。

工作流程与活动

学习活动 1　明确检修任务（6 学时）

学习活动 2　检修前的准备（18 学时）

学习活动 3　制订检修计划（2 学时）

学习活动 4　检修实施（12 学时）

学习活动 5　工作总结与评价（2 学时）

学习活动1　明确检修任务

学习目标

1. 能识读扶梯不运行故障检修任务书，明确检修任务。

2. 能识读扶梯维修与保养记录单，获取扶梯维修与保养情况。

3. 能描述扶梯的基本结构和工作原理。

建议学时　6学时

学习过程

一、明确扶梯不运行故障检修任务

1．领取扶梯不运行故障检修任务书

扶梯维修人员从维保部经理处领取扶梯不运行故障检修任务书（见表1–1–1），到达现场与客户方的扶梯安全员进行沟通，获取扶梯型号、参数、电路图纸，阅读相应的安全操作规范，完善扶梯故障现象记录，了解本次工作的基本内容。

表1–1–1　　扶梯不运行故障检修任务书

故障日期		报修人及联系电话	
报修时间		接报人	
地址			
到达时间		完成时间	
故障现象			

续表

故障原因			
处理结果			
客户意见	客户签名：　　　　日期：		
备注			
维保部经理		维修作业人员	

注："故障原因""处理结果"和"客户意见"栏等需在完成后续相应学习活动后填写。

2．获取并识读扶梯维修与保养记录单

维修人员在制订维修计划、实施维修前，应充分了解所维修扶梯的原理、构造及使用保养和维修情况，这些基本情况可以从扶梯维修与保养记录单（见表 1–1–2）中获取，其中详细记录了扶梯的使用单位、编号以及维修与保养的单位、时间和项目等。

表 1-1-2　　扶梯维修与保养记录单

NO.

使用单位：________　　日　期：____年__月__日
维保单位：________　　扶梯编号：________
通知时间：___时___分　到达时间：___时___分　　结束时间：___月___日___时___分
服务性质：□例行保养　□维修　□其他________

● 定期保养项目表：（□工作前已了解扶梯运行情况，挂保养牌，做好安全防护措施）

维保项目	扶梯编号 ( )( )( )( )	维保项目	扶梯编号 ( )( )( )( )
15 日维护保养项目		维保计划中第　次维保	
电气部件 / 电路板	□□□□	梯级或者踏板下陷保护开关 / 梯级链张紧开关	□□□□
杂物和垃圾 / 设备运行状况	□□□□	梯身上部三角挡板	□□□□
主驱动链	□□□□	梯级滚轮和导轨 / 梯级、踏板与围裙板	□□□□
制动器机械装置 / 自动检测开关 / 制动触点	□□□□	运行方向显示	□□□□
减速机润滑油	□□□□	扶手带入口保护开关 / 扶手带	□□□□
电动机通风口	□□□□	扶手带运行 / 扶手护壁板	□□□□
检修控制装置	□□□□	上、下出入口处的照明	□□□□
自动润滑油罐油位	□□□□	上、下出入口和扶梯之间防护栏 / 出入口安全警示标志	□□□□
梳齿板开关 / 梳齿板照明	□□□□	分离机房、各驱动和转向站	□□□□
梳齿板梳齿与踏面齿槽、导向胶带	□□□□	自动运行功能 / 停止开关	□□□□
季度维护保养项目		维保计划中第　次维保	
扶手带的运行速度	□□□□	梯级轴衬 / 梯级链润滑	□□□□
梯级链张紧装置	□□□□	防灌水保护装置	□□□□
半年维护保养项目		维保计划中第　次维保	
制动衬厚度	□□□□	梳齿板梳齿与踏面齿槽啮合深度和间隙	□□□□

续表

维保项目	扶梯编号 ( )( )( )( )	维保项目	扶梯编号 ( )( )( )( )
主驱动链 / 主驱动链链条滑块	□ □ □ □	扶手带张紧度、张紧弹簧负荷长度	□ □ □ □
空载向下运行制动距离	□ □ □ □	扶手带速度监控器系统	□ □ □ □
制动器机械装置 / 附加制动器	□ □ □ □	梯级踏板加热装置	□ □ □ □
减速机润滑油	□ □ □ □		□ □ □ □
年度维护保养项目		维保计划中第　　次维保	
主接触器	□ □ □ □	扶手带导向块和导向轮	□ □ □ □
主机速度检测功能	□ □ □ □	在进入梳齿板处的梯级与导轮的轴向窜动量	□ □ □ □
电缆	□ □ □ □	内、外盖板连接 / 围裙板安全开关	□ □ □ □
扶手带托轮、滑轮群、防静电轮	□ □ □ □	围裙板对接处 / 电气安全装置	□ □ □ □
扶手带内侧凸缘处	□ □ □ □	设备运行状况	□ □ □ □
扶手带断带保护开关	□ □ □ □		□ □ □ □

注：记录时在相对应扶梯编号方框中填写相应符号（√－正常，☆－异常，△－需要调整，NG－未检查，X－需要更换，0－已处理完）。

◆ 维修记录表：　（□维修工作前已了解扶梯故障情况，挂维修牌，做好安全防护措施）

故障现象	
处理过程和结果（较详细地阐明解除故障的动作，涉及更换配件的尽可能列出配件的型号）	
更换配件报价单编号：	送货单号码：

★ 其他记录或备注：________________

使用单位意见：________________

维保人员签名：____________　　使用单位管理人员签名：____________

从客户处获取所维修扶梯的维修与保养记录单，了解扶梯的维修及定期保养情况，并记录在表 1–1–3 中。

表 1–1–3　　扶梯的维修及定期保养情况

序号	项目	相关信息
1	使用单位	
2	维修与保养单位	
3	扶梯编号及型号	
4	扶梯保养项目	
5	扶梯维修项目	

二、认识扶梯及其基本结构

查阅资料，了解扶梯的特点、工作原理和基本结构等，完成表 1–1–4 的填写。

表 1–1–4　　扶梯及其基本结构认识表

1. 简述扶梯的定义。

2. 结合扶梯结构图，简述扶梯的工作原理。

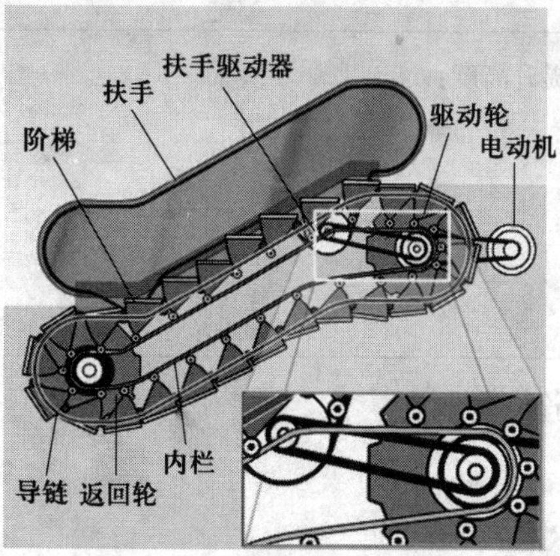

扶梯结构图

续表

3．简述扶梯与自动人行道的特点与区别。

扶梯

自动人行道

特点：

特点：

区别：

4．简述扶梯主要技术参数的含义。

额定速度：

倾斜角：

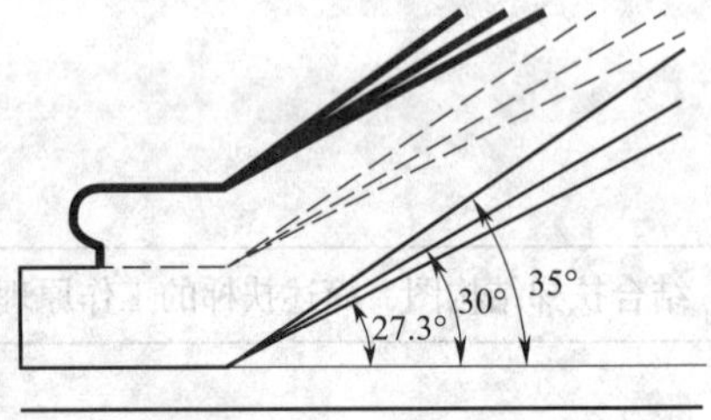

提升高度：

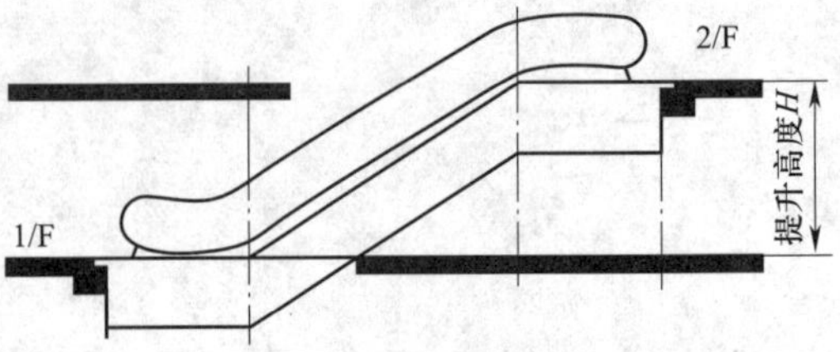

名义宽度：

续表

5．了解扶梯的结构组成，并简述各组成部分的作用。	
（1）桁架结构	

（2）驱动装置	

（3）梯路部分	
梯级：	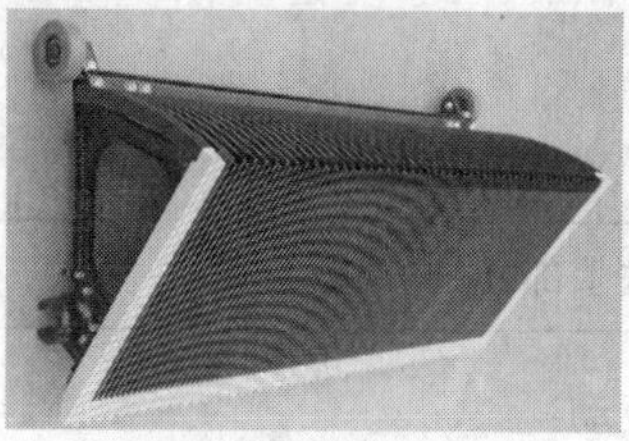
梯级驱动链条：	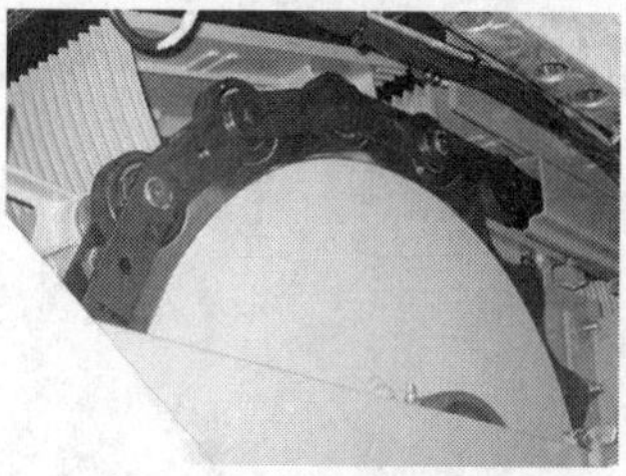

续表

梯路导轨：	
张紧装置：	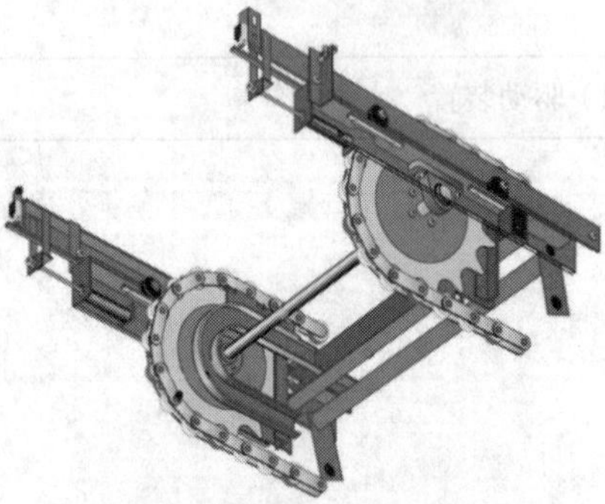
围裙板：	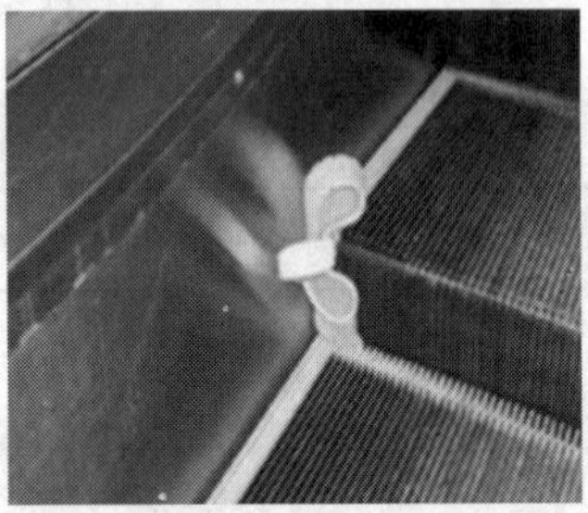
（4）扶手部分	
扶手驱动：	

续表

<table>
<tr><td colspan="2">扶手护壁板：

钢化玻璃：

不锈钢板：</td><td colspan="2">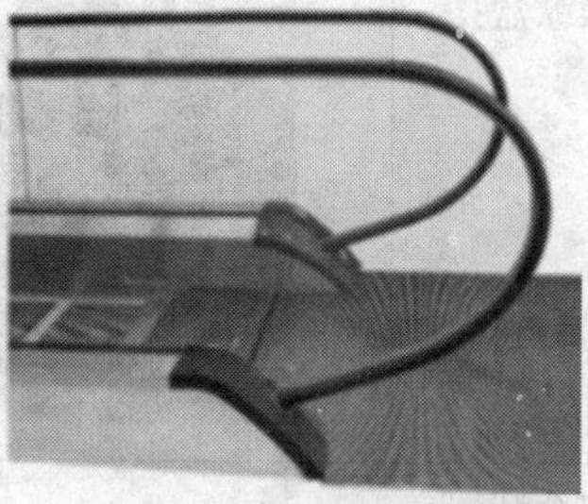</td></tr>
<tr><td colspan="2">扶手支架和扶手导轨：</td><td colspan="2">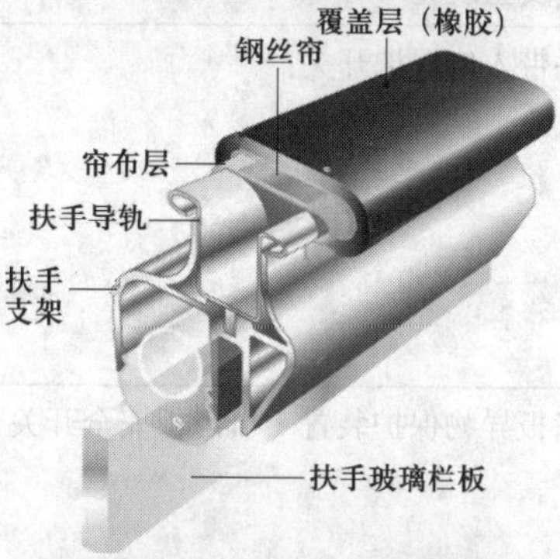</td></tr>
<tr><td colspan="2">内、外盖板：</td><td colspan="2"></td></tr>
<tr><td colspan="2">扶手带：</td><td colspan="2"></td></tr>
<tr><td colspan="4">（5）控制部分</td></tr>
<tr><td>控制柜：</td><td>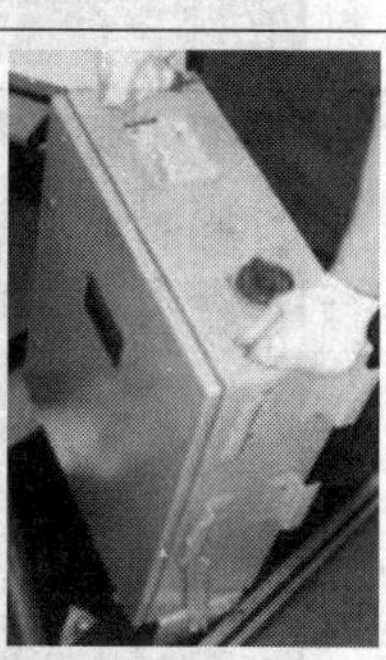</td><td>安全装置：</td><td></td></tr>
</table>

续表

<table>
<tr><td>面板操纵盒：</td><td>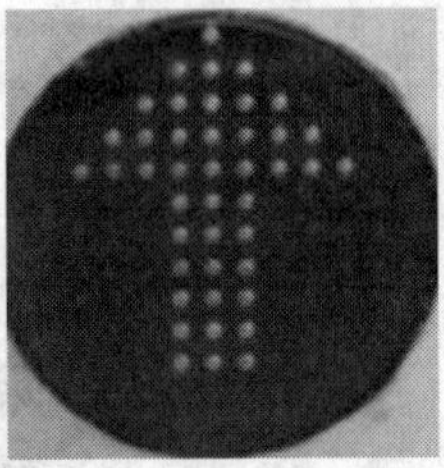</td><td>变频器：</td><td></td></tr>
<tr><td colspan="4">（6）安全装置</td></tr>
<tr><td colspan="2">扶手带入口保护开关：</td><td colspan="2"> </td></tr>
<tr><td colspan="2">梳齿板异物保护装置（梳齿板安全开关）：</td><td colspan="2">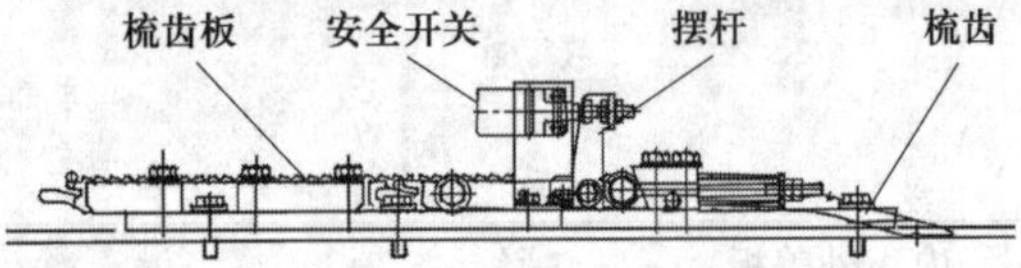
</td></tr>
<tr><td colspan="2">围裙板保护装置（围裙板安全开关）：</td><td colspan="2">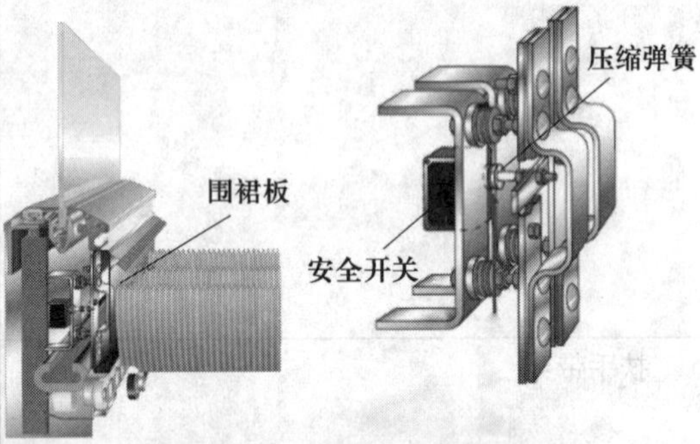
</td></tr>
<tr><td colspan="2">梯级下陷或抖动保护装置（梯级下陷保护开关）：</td><td colspan="2"></td></tr>
<tr><td colspan="2">驱动链松断保护装置（驱动链断链保护装置）：</td><td colspan="2"></td></tr>
</table>

续表

梯级黄色边框：

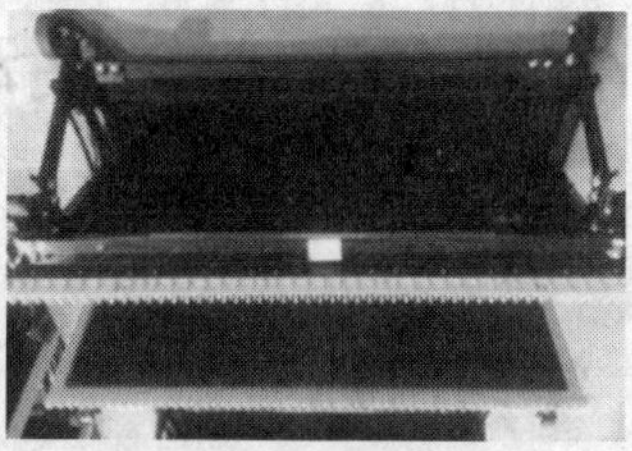

（7）其他装置

梳齿板：

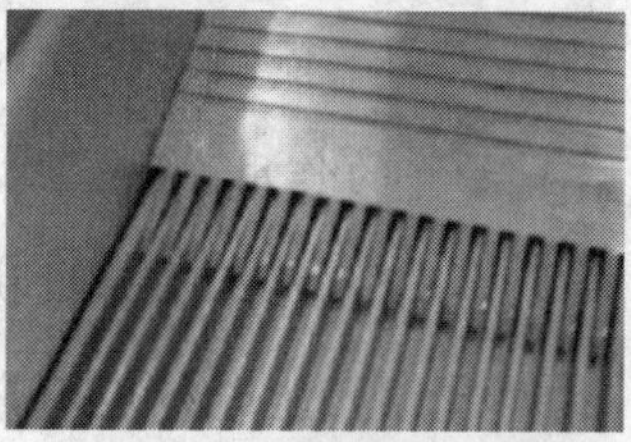

前沿板：

自动润滑系统：

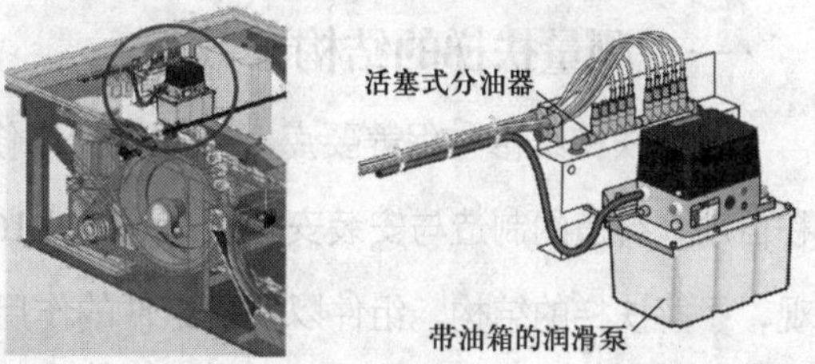

（8）写出扶梯各组成部分的名称。

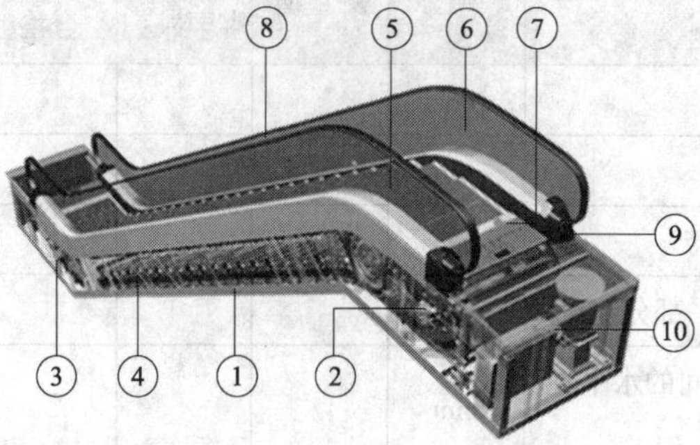

1		6	
2		7	
3		8	
4		9	
5		10	

学习活动 2　检修前的准备

学习目标

1. 能测量扶梯的主要参数，并能描述扶梯常用电气元器件的作用。

2. 能正确分析扶梯的电气原理图。

3. 能进行现场勘查，与小组成员沟通，填写扶梯不运行故障检修沟通信息表。

建议学时　18 学时

学习过程

一、测量扶梯的结构参数

根据扶梯维修与保养要点，查阅扶梯维修与保养手册中的扶梯结构示意图及《自动扶梯和自动人行道的制造与安装安全规范》（GB 16899—2011）中的扶梯主要尺寸图，查看扶梯外观，了解扶梯的结构、组件以及各组件的作用，测量扶梯主要参数并记录在表 1–2–1 中。

表 1–2–1　扶梯主要参数记录表

序号	符号	说明	单位	测量值	国标要求	是否合格
1	b_1	扶手带中心线之间的距离	m			
2	b_2	扶手带宽度	mm			
3	b_3	围裙板与护壁板之间的水平距离	mm			
4	b_4	直接连接护壁板的内盖板的水平部分宽度	mm			
5	b_5	扶手带内边缘和护壁板边缘之间的水平距离	mm			

续表

序号	符号	说明	单位	测量值	国标要求	是否合格
6	b'_6、b''_6	扶手带开口侧面与导轨或扶手支架侧面之间的水平距离	mm			
7	b_7	槽的宽度	mm			
8	b_8	齿的宽度	mm			
9	b_9	扶手带外侧边缘与非连续性障碍物（如楼板交叉部分、立柱）之间的水平距离	mm			
10	b_{10}	扶手带外侧边缘与连续性障碍物（如墙壁）之间的水平距离	mm			
11	b_{11}	相邻扶梯或自动人行道的扶手带之间的水平距离	mm			
12	b_{12}	扶手带下缘和扶手盖板之间的垂直距离	mm			
13	b_{13}	外盖板的宽度	mm			
14	b_{14}	相邻扶梯或自动人行道护壁板外侧边缘之间的水平距离	mm			
15	b_{15}	建筑结构（如墙壁）和扶手带中心线之间的水平距离	mm			
16	b_{16}	相邻扶梯或自动人行道扶手带中心线之间的水平距离	mm			
17	b_{17}	防滑行装置与扶手带外侧边缘之间的水平距离	mm			
18	h_1	扶手带上缘和梯级、踏板或胶带表面之间的垂直距离	m			
19	h_2	围裙板上缘或内盖板折线底部与梯级前缘连线、踏板或胶带踏面之间的垂直距离	mm			
20	h_3	扶手转向端入口处与地板之间的距离	m			
21	h_4	扶手带外侧边缘之间区域内梯级、踏板或胶带上方的垂直净高度	m			
22	h_5	垂直防护挡板的高度	m			
23	h_6	踏面和梳齿齿根之间的间隙	mm			
24	h_7	槽的深度	mm			
25	h_8	梳齿与踏面齿槽的啮合深度	mm			
26	h_9	地板与防爬装置下端之间的垂直距离	mm			

续表

序号	符号	说明	单位	测量值	国标要求	是否合格
27	h_{10}	扶手带下侧边缘和阻挡装置的上缘之间的垂直距离	mm			
28	h_{11}	防滑行装置的高度	mm			
29	h_{12}	扶手带外部自由空间的高度	mm			
30	h_{13}	上、下楼层之间的垂直距离	m			
31	l_1	支承之间的水平距离	m			
32	l_2	平行于踏面测得的扶手带转向顶点到梳齿与踏面相交线之间的距离	m			
33	l_3	自梳齿与踏面相交线起测得的沿出入口方向上扶手带直线段的长度	m			
34	l_4	平行于踏面测得的扶手带转向顶点到转向端入口处之间的距离	m			
35	l_5	外盖板上防爬装置的长度	mm			
36	v	名义速度	m/s			
37	x_1	梯级高度	m			
38	y_1	梯级深度	m			
39	z_1	承载面的名义宽度（梯级、踏板或胶带）	m			
40	z_2	围裙板之间的水平距离	m			
41	z_3	支承滚轮之间的横向距离	mm			
42	α	扶梯和自动人行道的倾斜角	（°）			
43	β	梳齿的设计角度	（°）			
44	γ	内盖板的倾斜角	（°）			

二、认识扶梯常用的电气元器件

根据扶梯维修与保养要点，查阅扶梯维修与保养手册中的扶梯电气原理图，对照扶梯外观，了解扶梯常用电气元器件的种类、功能及使用要点等。

1．接触器、继电器、传感器和计时器

根据表 1–2–2 所提供的扶梯常用电气元器件的名称和型号，查阅相关资料，了解扶梯常用接触器、继电器、传感器和计时器的特点及使用要点，并记录在表中。

表 1–2–2　　扶梯常用接触器、继电器、传感器和计时器的型号、特点及使用要点

名称	型号、规格	特点及使用要点
主接触器		
照明用接触器		
辅助继电器		
自锁继电器		
传感器		
计时器		
过流继电器		

小提示：

螺钉与接线部分松动会造成过热而烧坏元件，混入尘土会造成触点接触不良。

2．安全开关（装置）

安全开关（装置）是在扶梯发生异常时使扶梯停止，以保护乘客和机器的重要装置。因此，当异常情况发生时，必须使安全开关（装置）准确地动作。安全开关（装置）的种类繁多，检修时必须在充分理解安全开关（装置）功能的基础上进行检查，并查明安全开关（装置）动作时的原因。查阅相关资料，了解安全开关（装置）的外形、型号、规格和复位方式等，并完成表 1–2–3 的填写。

表 1–2–3　　安全开关（装置）

名称	实物图	型号、规格	复位方式
驱动链断链保护装置	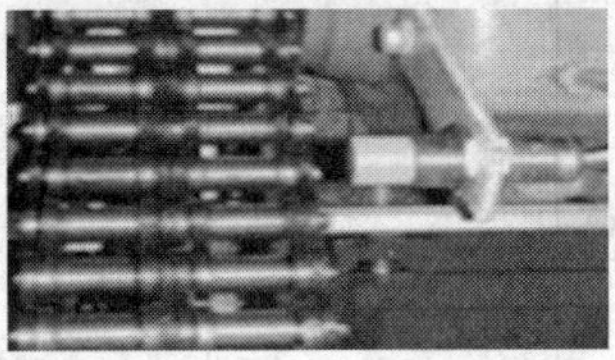		

续表

名称	实物图	型号、规格	复位方式
梯级链张紧开关			
扶手带入口保护开关			
围裙板安全开关			
扶手带速度和断带监测装置			
盖板监测开关			
停止按钮			

续表

名称	实物图	型号、规格	复位方式
主机测速保护装置			
制动器制动监测装置			
梯级下陷保护开关	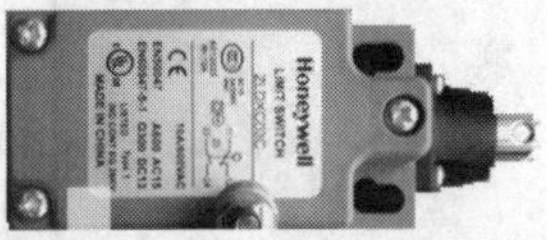		
逆行监测装置	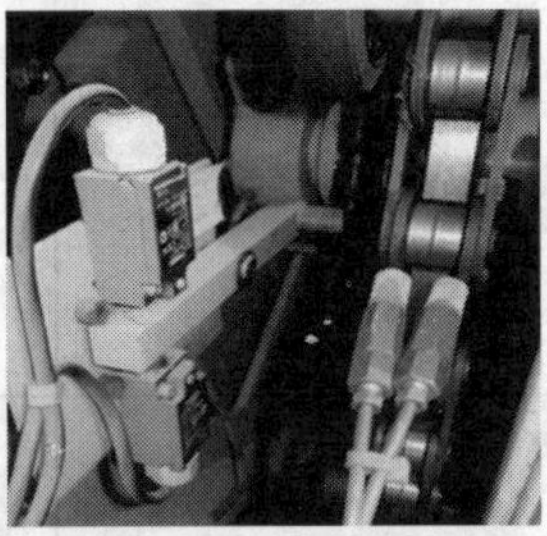		
梳齿板安全开关	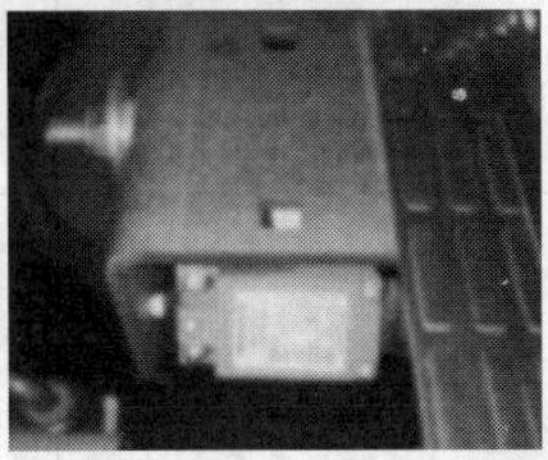		
梯级缺失监测装置			

3．扶梯常用的其他电气元器件

根据实物图，查阅资料或咨询指导老师，识别表 1–2–4 所列扶梯常用的其他电气元器件，并填写其名称。

表 1–2–4　　　　　　　　　　扶梯常用的其他电气元器件

名称	实物图	名称	实物图

			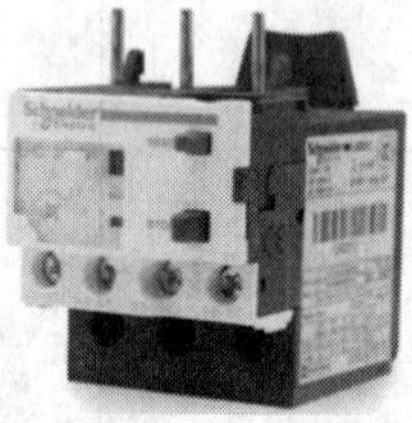

	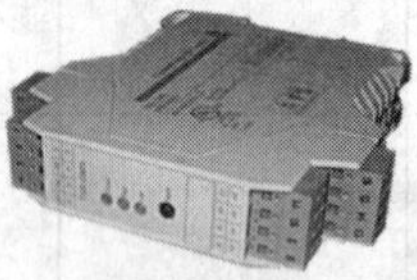		
	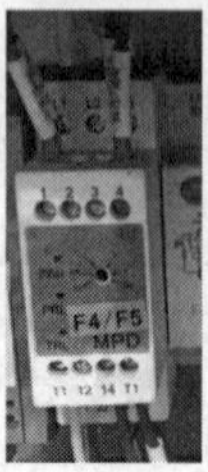		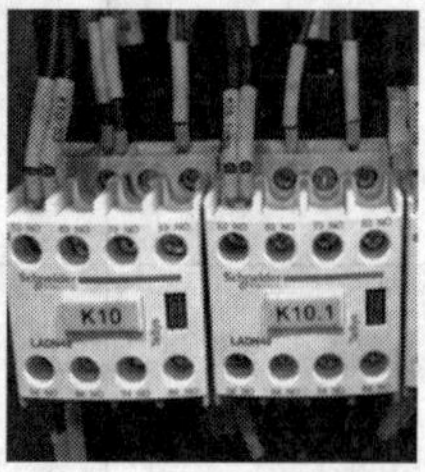

三、扶梯工作原理分析

以蒂森 FTKG–ECT–F 型扶梯的电气原理图为例，分析扶梯电气原理图中各回路有哪些关键电气元器件，描述回路的工作原理，并记录在表 1–2–5 中。

表 1-2-5　　扶梯电气原理图分析

1. 认识主电源回路。

关键电气元器件：

工作原理：

电气原理图中英文及其含义：

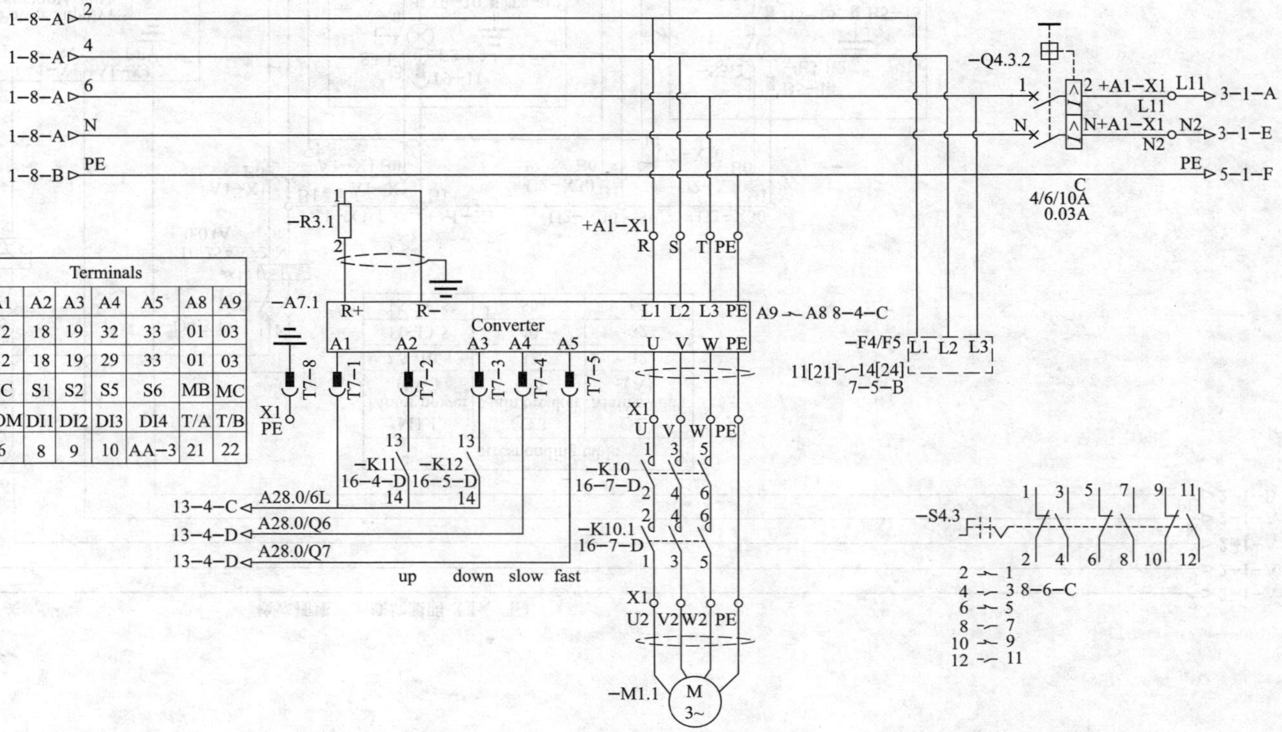

Type	Terminals						
VVVF	A1	A2	A3	A4	A5	A8	A9
FC301	12	18	19	32	33	01	03
FC51	12	18	19	29	33	01	03
YASKAWA	SC	S1	S2	S5	S6	MB	MC
MONARCH	COM	DI1	DI2	DI3	DI4	T/A	T/B
VACON	6	8	9	10	AA−3	21	22

续表

2. 认识照明回路。

关键电气元器件：

工作原理：

电气原理图中英文及其含义：

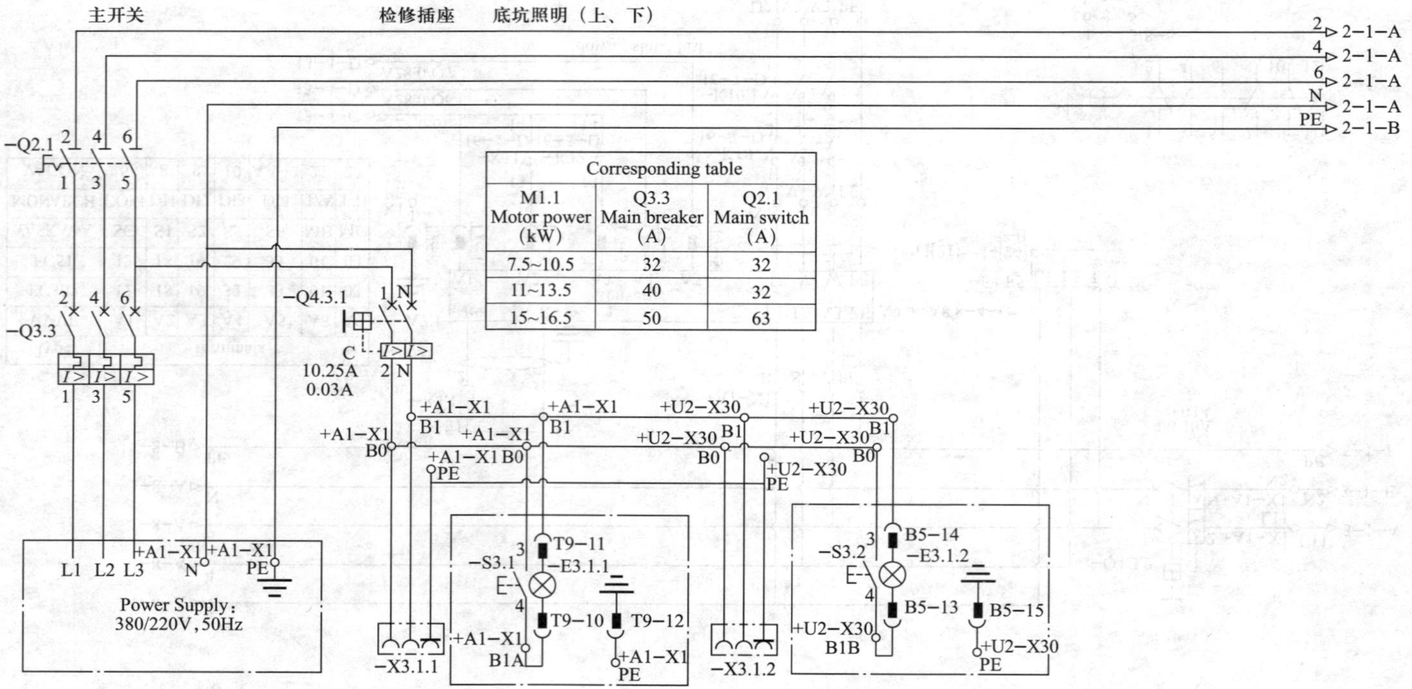

Corresponding table

M1.1 Motor power (kW)	Q3.3 Main breaker (A)	Q2.1 Main switch (A)
7.5~10.5	32	32
11~13.5	40	32
15~16.5	50	63

续表

关键电气元器件：

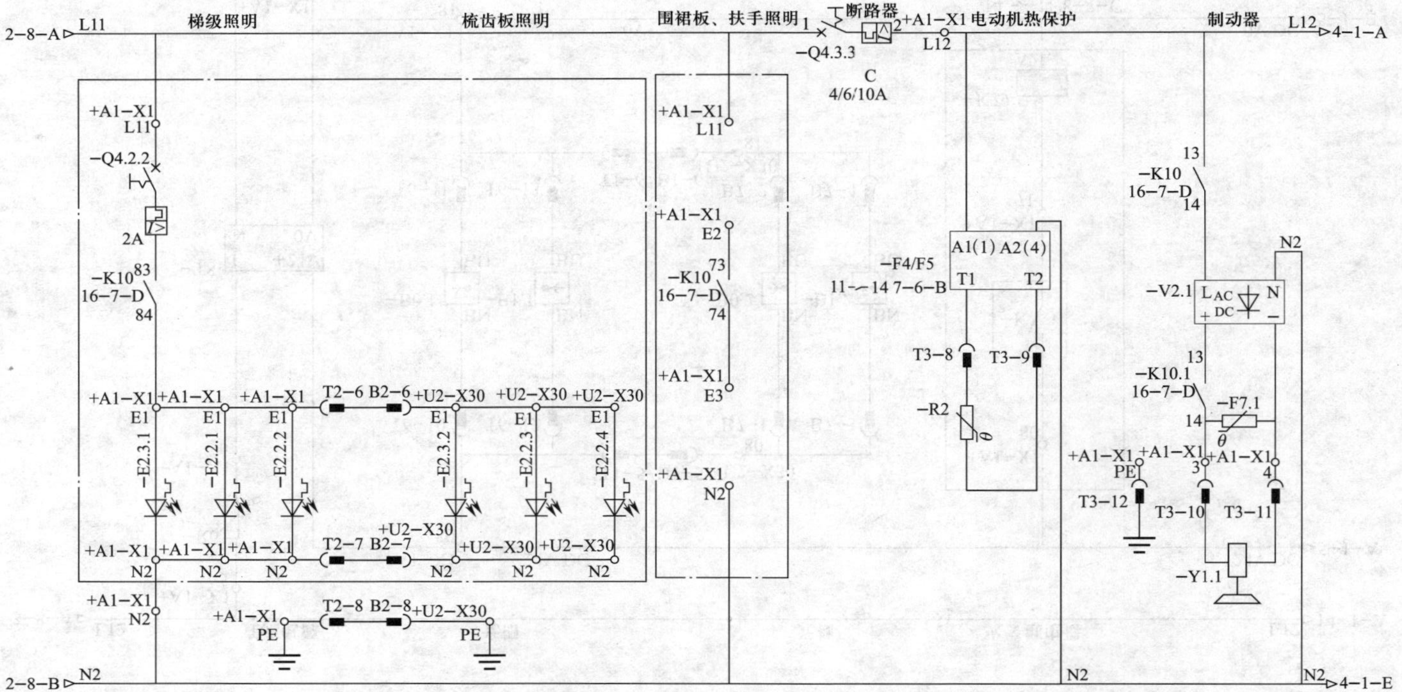

工作原理：

电气原理图中英文及其含义：

续表

3．认识安全回路。	
关键电气元器件： 工作原理：	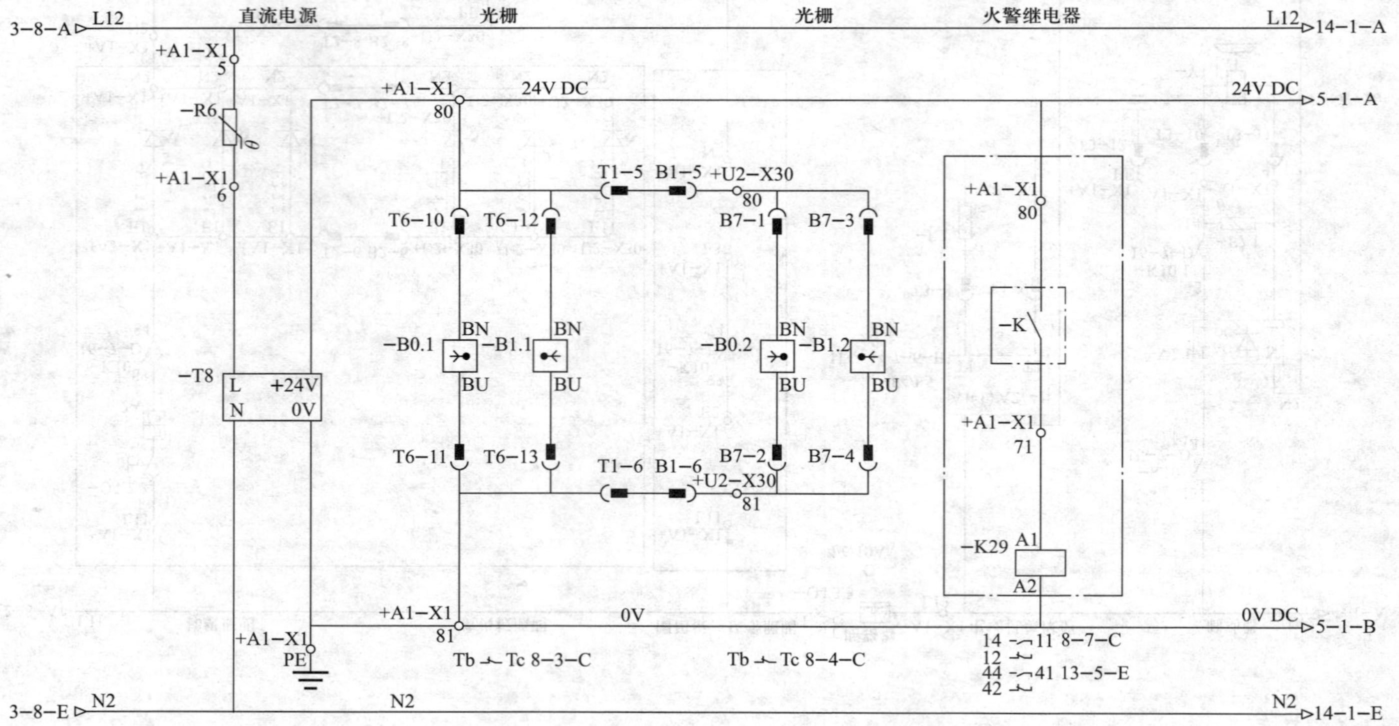

续表

关键电气元器件：	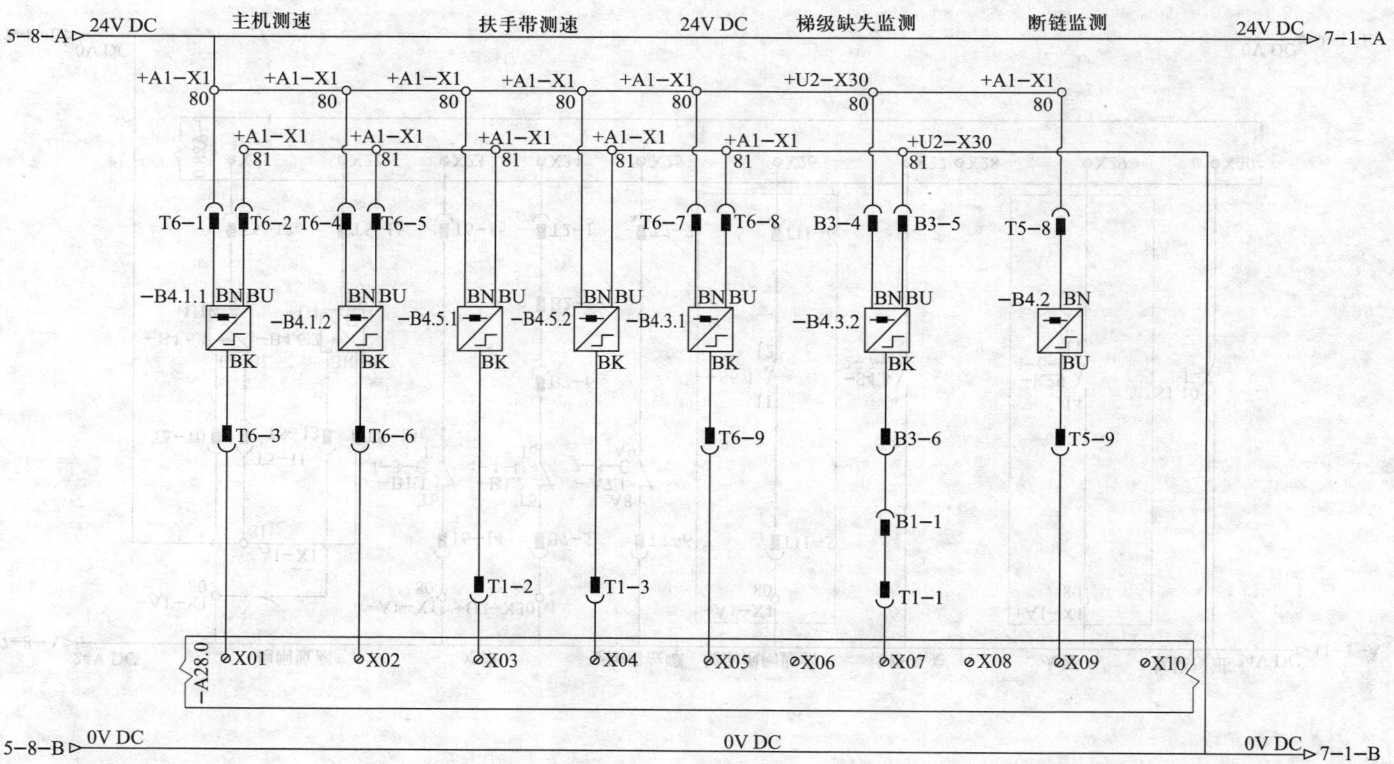
工作原理：	

续表

关键电气元器件：	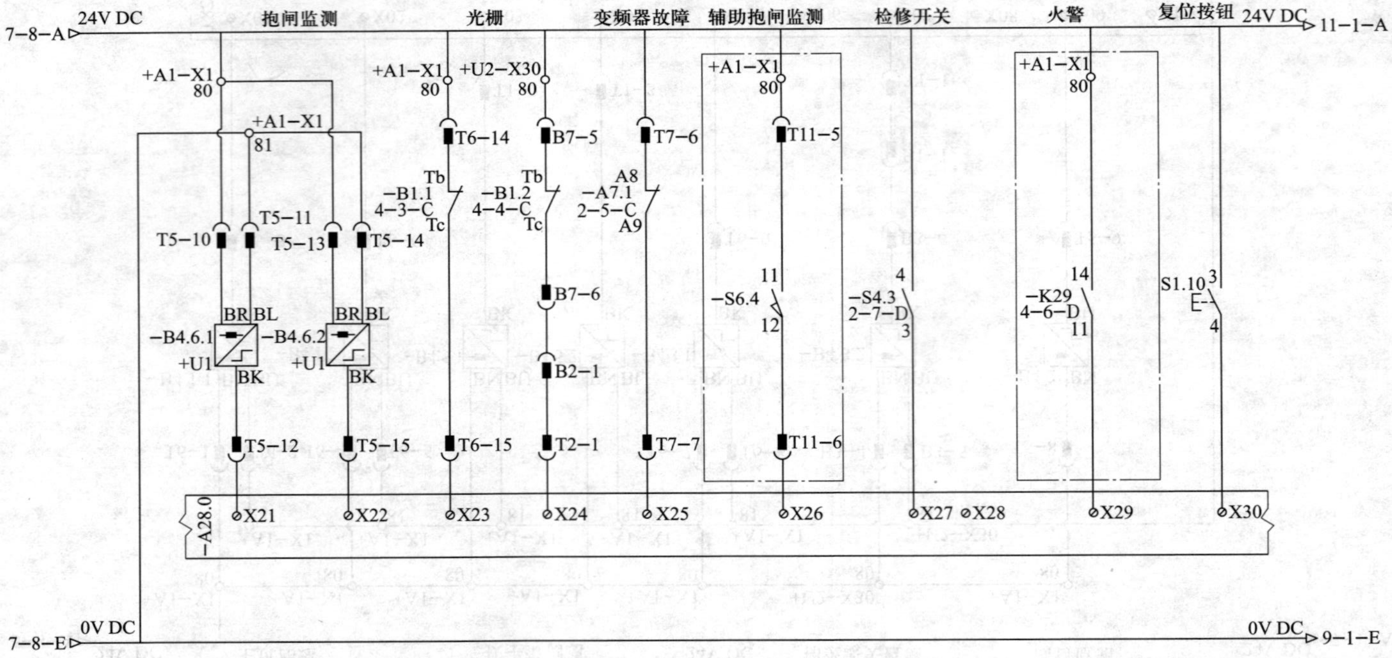
工作原理：	

续表

关键电气元器件：	
工作原理：	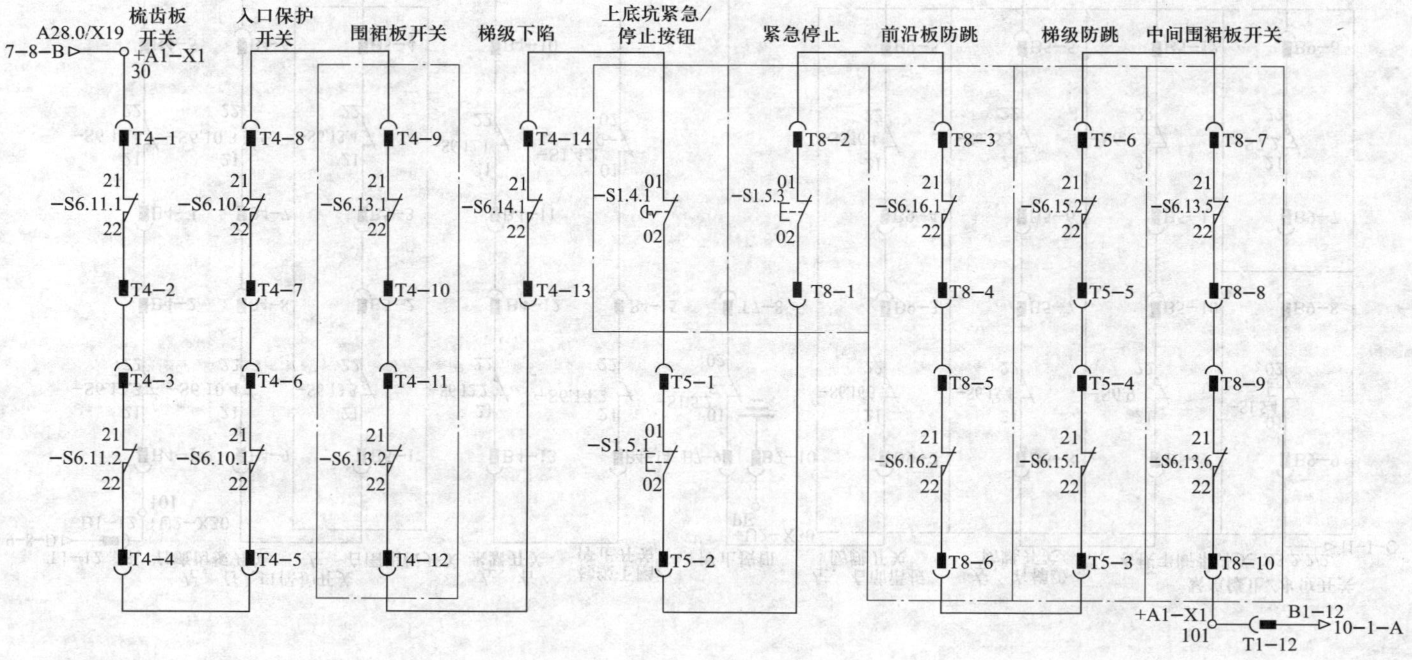

续表

关键电气元器件：

工作原理：

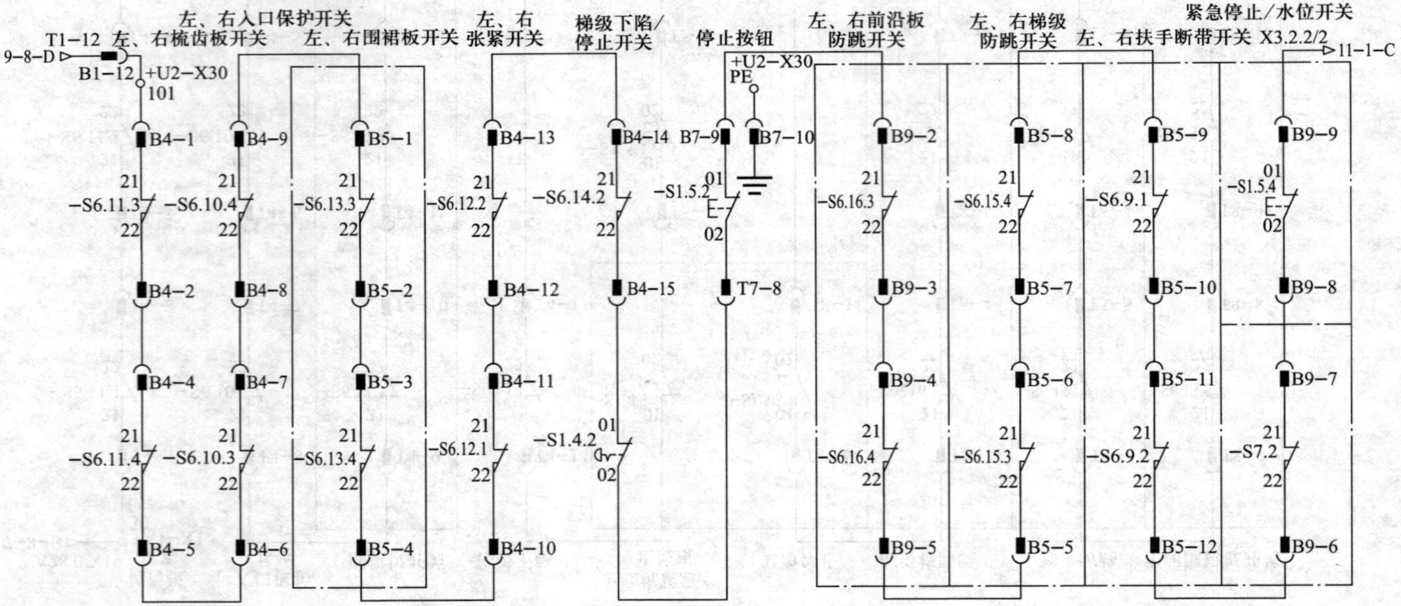

续表

关键电气元器件：	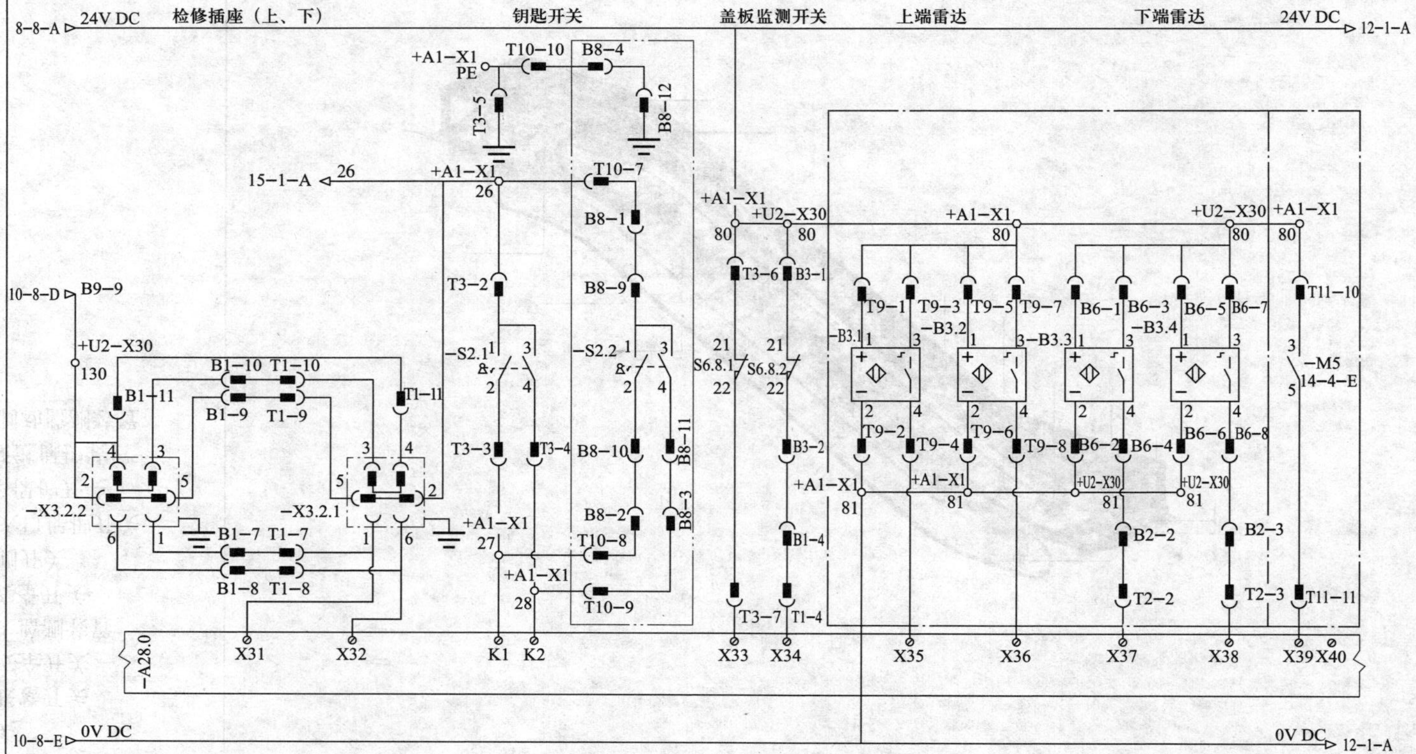
工作原理：	

续表

4．按照图中标注位置将相应安全开关（装置）的代号填入图中。

A．停止按钮
B．钥匙开关
C．梯级链张紧开关
D．梳齿板安全开关
E．梯级缺失监测装置
F．围裙板安全开关
G．盖板监测开关
H．扶手带入口保护开关
I．梯级下陷保护开关
J．驱动链断链保护装置
K．制动器制动监测装置

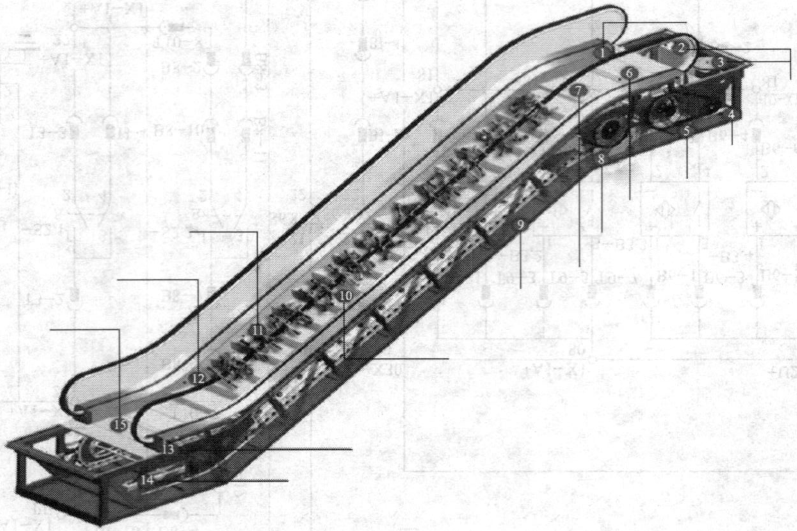

续表

5．绘制教学实训扶梯安全回路图。

四、现场勘查，填写扶梯不运行故障检修沟通信息表

进行现场勘查，根据扶梯不运行故障检修任务书及扶梯维修与保养记录单，明确故障现象，对扶梯故障原因进行分析与初步判断，确定现场是否符合检修条件，与扶梯使用单位管理人员进行沟通，明确工作时间及调试要求等，填写扶梯不运行故障检修沟通信息表，见表 1–2–6。

表 1–2–6　　　　扶梯不运行故障检修沟通信息表

NO.

报修单位：	年　月　日

1．扶梯基本情况

扶梯型号		使用编号	
制造单位		安装单位	
制造日期		投运时间	
提升高度	________m	额定速度	________m/s
梯级宽度	________mm	使用地点	

2．检修作业人员

姓名		证件号		到达时间		离场时间	
姓名		证件号		到达时间		离场时间	
姓名		证件号		到达时间		离场时间	

3．工作内容

序号	检修项目	序号	检修项目
1		9	
2		10	
3		11	
4		12	
5		13	
6		14	
7		15	
8		16	

续表

故障现象确定（报修内容）		拟处理方式	
故障排除记录			
换件情况	零件名称（型号）	零件具体位置	备注
备注（客户意见）：			客户签名：

注：“故障排除记录”和“换件情况”栏等需在完成后续相应学习活动后填写。

学习活动3　制订检修计划

学习目标

1. 能描述常用故障检修方法的概念、特点和选用原则。

2. 能明确扶梯不运行故障的检修流程。

3. 能根据现场勘查结果分析扶梯不运行故障的原因，制订扶梯不运行故障的检修计划和方案，并进行方案优化。

建议学时　2学时

学习过程

一、确定检修流程

1. 故障检修的常用方法有直接观察法、电压测量法、电阻测量法、分割电路法、代码观察法等，试查阅相关资料，了解上述故障检修方法的概念、特点及选用原则，并记录在表1–3–1中。

表1–3–1　故障检修的基本方法

检修方法	概念	特点	选用原则
直接观察法			
电压测量法			

续表

检修方法	概念	特点	选用原则
电阻测量法			
分割电路法			
代码观察法			

2．阅读扶梯不运行故障的常见原因，并简要复述相关内容。

扶梯不运行故障的常见原因

扶梯不运行故障是指由于扶梯机械零件或电气控制系统中的元器件发生异常，导致扶梯不能正常运行。扶梯不运行故障常见原因如下：

1. 速度监控装置有故障，导致扶梯不能正常运行。

2. 驱动装置有故障（如电动机轴承损坏、电动机烧坏、减速器油量不足或油品错误、制动器的摩擦副间隙调整不合适或摩擦副烧坏、线圈内部短路烧坏等），导致温升过快、过高，使扶梯不能正常运行。

3. 安全保护装置故障。

（1）曳引链过分伸长或断裂故障：当曳引链过分伸长或断裂时，曳引链条向后移动，行程开关动作，从而断电、停梯。

（2）梳齿板异物保护装置故障：梳齿板异物保护装置利用一套机构使拉杆向后移动，从而使行程开关动作，实现断电、停梯。

（3）扶手带入口保护开关故障：扶手带入口保护开关利用杠杆作用放大行程后触动行程开关，从而断电、停梯。

（4）梯级下陷保护开关故障：梯级下陷保护开关一旦发生故障，下陷部位就会碰到检测杆，使检测杆动作，从而触动行程开关，实现断电、停梯。

（5）驱动链断链保护装置故障：扶梯通过双排套筒滚子链，将动力通过减速机传递给驱动主轴（按规定提升高度超过 6 m 时应配置此装置）。当驱动链断裂时，驱动链断链保护装置使行程开关动作，从而断电、停梯。

（6）扶手带速度和断带监测装置故障：扶手带未进行大于 25 kN 拉力试验时，须设置此保护装置。扶手带通过驱动轮使之传动，一旦扶手带断裂，受扶手带压制的行程开关上的滚轮就会向上摆动而实现断电、停梯。

3．扶梯不运行故障的检修步骤包括现场检查、设置安全警示牌、检查施工条件、准备工具和材料、检查机械结构部件、检查扶梯电气回路（或故障代码）等，试将图 1–3–1 所示扶梯不运行故障的检修流程补充完整，并简述检修注意事项。

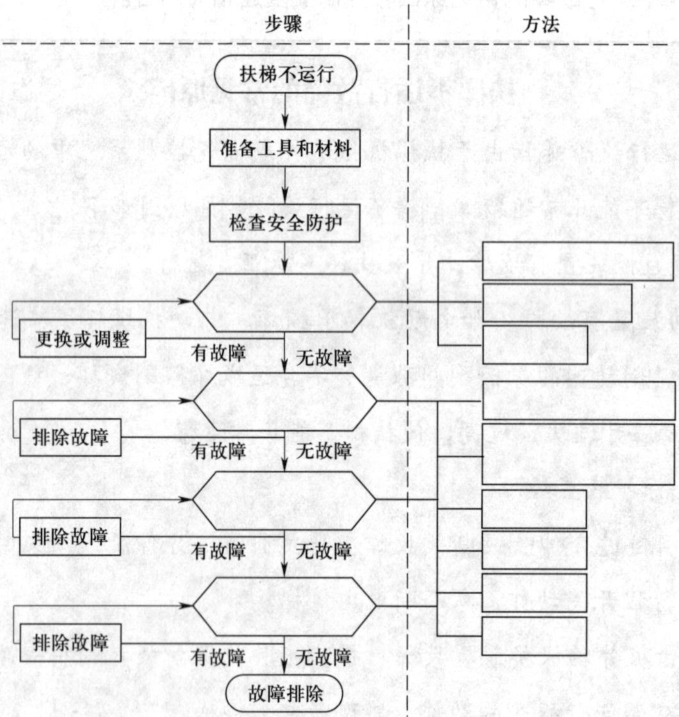

图 1–3–1　扶梯不运行故障的检修流程

注意事项：

二、制订工作计划

1．根据扶梯不运行故障的检修要求，制订工作计划，填写在表 1–3–2 中。

表 1–3–2　　工作计划表

1．扶梯型号	
2．所需的工具、设备、资料	
3．故障现象可能原因	（1）
	（2）
	（3）
	（4）
	（5）
	（6）
	（7）
4．故障检修流程	

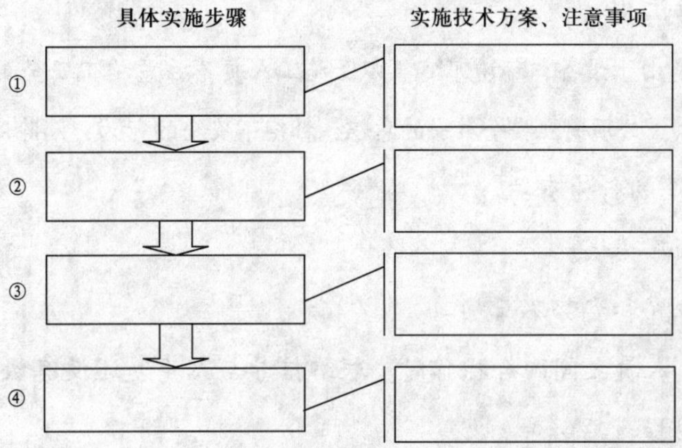

5．人员分工

序号	工作内容	负责人	计划完成时间	质量检验人
1				
2				
3				
4				
5				

2．制订工作计划之后，需要对计划内容、实施的检修方案进行可行性研究，并对实施地点、准备工作、过程及方案等细节进行探讨分析，以保证后续检修实施的安全可靠执行。试以小组为单位就以上问题进行讨论，并根据讨论结果完善工作计划，记录主要修改内容。

三、明确现场安全施工要求

1．阅读扶梯保养安全操作规程，并简要复述相关内容。

扶梯保养安全操作规程

1. 安全意识

事故大多是由于设备、环境不完善以及施工人员不注意施工安全而造成的，为了防止事故的发生，必须树立安全第一的意识，杜绝不安全的行为，消除不安全的状态。

（1）不安全的行为有：

1）施工顺序错误。

2）操作位置和姿势不正确。

3）需施工人员之间配合操作时，联络信号与大声复述没有认真执行。

4）忽视规程、禁令等。

（2）不安全的状态有：

1）服装破烂、不整齐。

2）通道堆放材料。

3）作业场所杂乱。

2. 安全操作注意事项

（1）严禁酒后作业、带病作业、疲劳作业。

（2）在扶梯出入口应设置“扶梯维修中，禁止进入”的警告防护栏。

（3）应着装整齐，要用的工具先检查是否有损坏。

（4）在施工前用钥匙开关确认上、下梯头的蜂鸣器和停止按钮是否正常。

（5）进入机房维修、保养时，应先断开电源并在总电源开关处的明显位置挂上“检修中，严禁合闸”的警告标志；进入扶梯桁架内作业前，应先切断电源。

（6）应认真执行共同作业时的联络信号与大声复述。

（7）在桁架内工作时，所带工具及物品应在工作完毕后，全部带出桁架，确认所有工作人员均在桁架外后，扶梯方可启动。

（8）启动扶梯前应先按蜂鸣器，确认扶梯上无人后方可启动。

（9）钥匙必须指定专人操作，其他人不得携带钥匙。不操作时，必须把钥匙拔出。

（10）电动运行中，应采取不会被活动部位、旋转部位夹住身体、手足、物体等的姿势。

（11）电动运行操作者应经常确认周围安全，保持可以紧急停止的姿势。

（12）对提升高度比较高的扶梯，作业负责人应任命监视员，明确指示任务，尤其是在接入电源时，监视员必须确认全部工作人员都已经在桁架外。

（13）拆除梯级时，必须切断电源，采用手动盘车。

（14）拆开梯级后，需中断作业离开作业场所时，应断开主电源，同时移动已拆开梯级的开口位置至返回侧，并盖好机房盖板。

2．查阅相关资料，将表 1–3–3 所列现场安全施工注意事项补充完整。

表 1–3–3　　现场安全施工注意事项

序号	项　目
1	在扶梯出入口处安装________________
2	在________________时才可停止扶梯运行
3	填写工作保证书（工作保证书、短接线记录单可放在工作包里）
4	测试钥匙开关的________和上、下梯头围裙板上________的有效性
5	当需要进入上机房工作时，须测试上机房________、________、检修开关的有效性
6	当需要进入下机房工作时，须测试下机房________的有效性。如无人监护，上、下机房盖板________同时打开

续表

序号	项　目
7	需要使用移动检修盒时，须测试移动检修盒的＿＿＿＿＿
8	按上述要求测试过有关开关的有效性后，返回＿＿＿＿＿＿（应注意防止他人操作移动检修盒）
9	拆除下机房梯级挡板并将其放置在＿＿＿＿＿的位置
10	拆除下机房梯级挡板时，工作人员需在＿＿＿＿＿操作移动检修盒开动扶梯
11	使用移动检修盒以＿＿＿＿＿和＿＿＿＿＿相结合的方式安全地把需要拆除的梯级移动至最佳的可拆除位置，并马上把移动检修盒及下机房的急停开关都设置于＿＿＿＿＿位置
12	使用拆梯级的专用工具拆除梯级，并将其放置于安全位置。注意：拆梯级时不要一边操作移动检修盒来移动扶梯，一边以＿＿＿＿＿的方式＿＿＿＿＿＿＿＿梯级以防止其脱下。如果要操作移动检修盒微调梯级的装拆位置，为防止梯级脱下，应借助＿＿＿＿＿等工具顶住梯级面

学习活动4　检修实施

学习目标

1. 能根据安全操作规程和检修规范，正确使用扳手、旋具、万用表、钳形电流表等工量具，以及安全帽、护目镜等防护用品。

2. 能进行扶梯电气元器件的检查、更换与调整。

3. 能进行扶梯电气回路的检查与故障排除。

4. 能进行扶梯驱动部件的清洁、润滑与调整。

5. 能按行业标准对故障检修结果进行自检，确保扶梯可以安全可靠运行，并交付项目主管验收。

6. 检修过程中能严格执行各项安全生产制度、环保制度及生产现场管理6S标准。

建议学时　12学时

学习过程

一、物料准备

根据扶梯不运行故障检修流程的要求，在组长的带领下，就物料名称、数量和规格等进行核对，填写扶梯不运行故障检修物料单（见表1-4-1），为物料领取提供凭证。

表 1-4-1　　扶梯不运行故障检修物料单

检修人员						时间	
使用单位						地址	
领用人员						归还人员	
序号	物料名称	数量	单位	规格	领用时间	归还时间	归还检查
1	内六角扳手						完好□，损坏□
2	十字旋具						完好□，损坏□
3	一字旋具						完好□，损坏□
4	梅花扳手						完好□，损坏□
5	万用表						完好□，损坏□
6	钳形电流表						完好□，损坏□
7	钢直尺						完好□，损坏□
8	游标卡尺						完好□，损坏□
9	斜塞尺						完好□，损坏□
10	红丹粉						完好□，损坏□
11	尖嘴钳						完好□，损坏□
12	安全帽						完好□，损坏□
13	工作服						完好□，损坏□
14	扶梯钥匙						完好□，损坏□

二、扶梯不运行故障检修

1．电气柜电源检修（图片均以蒂森 FTKG-ECT-F 型扶梯为例，下同）

按照表 1-4-2 所列项目及操作要点，完成电气柜电源的检修，并做好记录。

表 1-4-2　　电气柜电源检修记录表

项目	过程图片	操作要点及说明
检查供电电源		（1）连接供电电源，使端子盒带电 （2）参考相应电路图进行电路检查，外部引入电源应为______V （3）检查端子接线是否牢固（是□，否□）

续表

项目	过程图片	操作要点及说明
检查控制柜	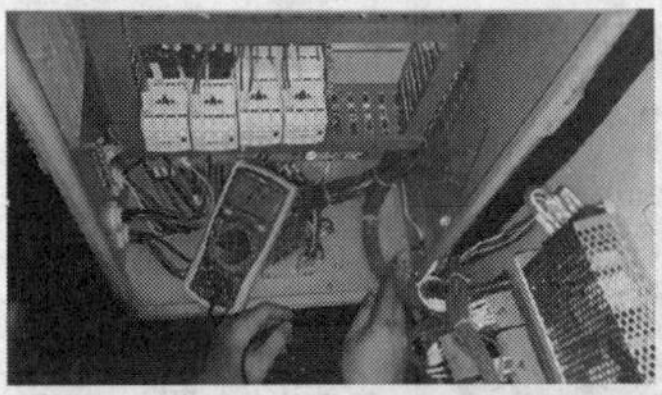 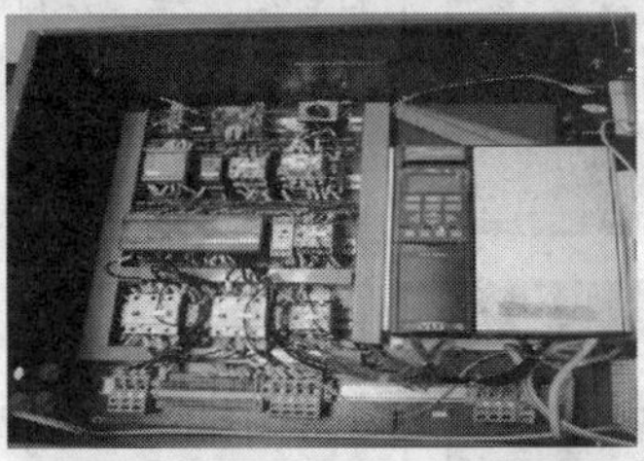	（1）检查导线管有无损坏（有□，无□） （2）检查全部导线是否都有保护层（是□，否□） （3）检查端子接线是否牢固（是□，否□） （4）检查地线接地是否可靠；绝缘层是否有破损、老化现象；线路是否整齐，无交叉、扭曲、打结现象（是□，否□）
检查接触器、继电器		（1）检查接触器、继电器接线是否牢靠，手动确认触点动作是否灵活，是否有粘连现象（是□，否□） （2）清除接触器、继电器触点上的氧化层
检查移动检修盒	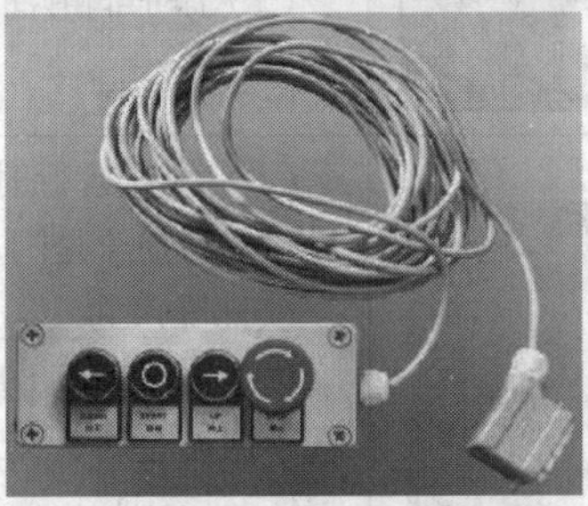	（1）检查按钮操作状况是否良好（是□，否□） （2）检查端子及导线有无破损（有□，无□）
检查电缆		检查电缆固定是否牢固，是否有破损现象（是□，否□）
修理说明	当电气柜电源检修实施发现不合格时，应及时更换对应的电气元器件、接线端子、电缆等，调整好线路。若电气柜电源检修合格，则判断扶梯不运行故障与电气柜电源无关，继续进行下一步检查	

2．驱动主机检修

按照表 1–4–3 所列项目及操作要点，完成驱动主机的检修，并做好记录。

表 1-4-3 驱动主机检修记录表

项目	过程图片	操作要点及说明
检修驱动器	 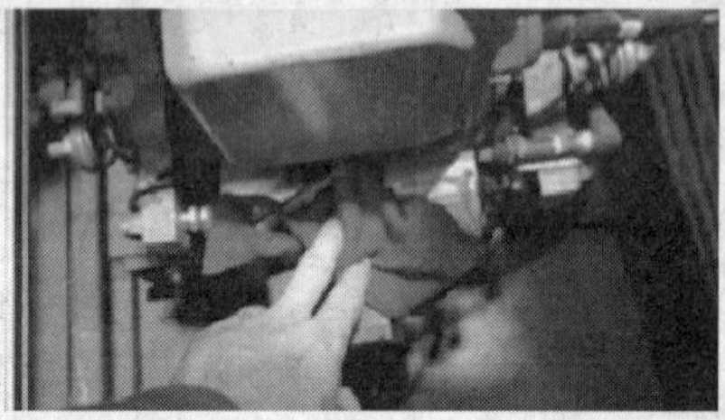	（1）停止时： 1）检查是否松脱（是□，否□） 2）检查清洁状况及润滑油的分量是否合适（是□，否□） （2）运行时： 1）扶梯连续运行 4 ~ 5 h 后，主机温升不超过 60 ℃，主机壳体表面温度低于 80 ℃ 2）扶梯运行时驱动主机运行平稳，无异响和振动，运行时噪声低于 65 dB 温度为____________，噪声为____________
检修轴承	 	（1）检查轴承磨损情况、润滑油的分量、齿轮箱损坏情况 （2）添加润滑油
检修电动机	 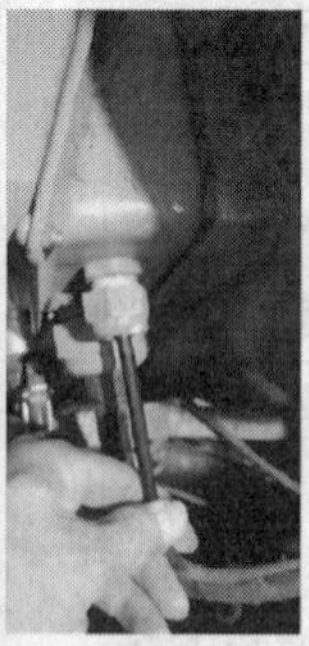	（1）检查运行时是否有噪声、振动、异味及污损（是□，否□） 实测噪声为__________ （2）检查电动机出口线配线的接线端子温度是否升高，接线端子是否拧紧（是□，否□） （3）检查电动机温度是否有不正常升高（是□，否□） （4）检查停止时装置是否稳固、无松弛，清洁状况是否良好（是□，否□）
检修制动器		（1）检查摆杆上是否有杂物（是□，否□） （2）制动器张开时，摆杆复位弹簧不应全部压缩

续表

项目	过程图片	操作要点及说明
检修导线	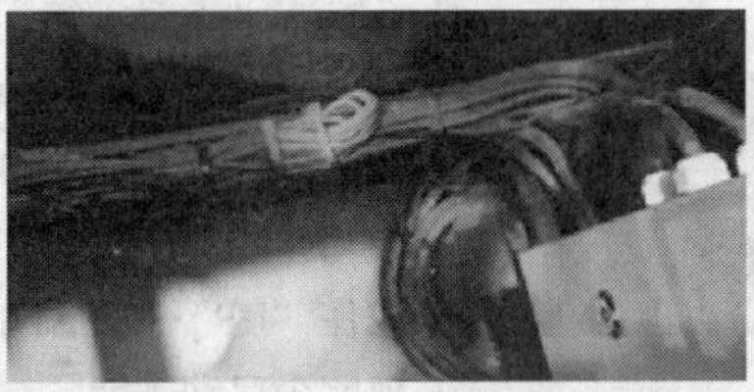	（1）检查导线有无损坏、损耗（有□，无□） （2）检查接点是否良好，是否有松脱现象（是□，否□）
修理说明	当驱动主机出现异常或驱动线路出现损坏、损耗、松脱等引起扶梯不运行时，应及时清洁、润滑、更换对应的部件，更换或调整好线路。若驱动主机检修合格，则判断扶梯不运行故障与此无关，继续进行下一步检查	

3．驱动主电路检修

按照表 1–4–4 所列项目及操作要点，完成驱动主电路的检修，并做好记录。

表 1–4–4　驱动主电路检修记录表

项目	过程图片	操作要点及说明
检查电源	  	（1）测量主电源 R 端是否有电（是□，否□） （2）测量主电源 S 端是否有电（是□，否□） （3）测量主电源 T 端是否有电（是□，否□） （4）检查所有断路器是否处于断开状态（是□，否□） （5）检查主开关是否处于“OFF”位置（是□，否□）
检查钥匙开关		（1）检查钥匙开关的转动是否灵活，操作后是否自动恢复到原来的位置（是□，否□） （2）检查开关铭牌的文字有无被擦掉（有□，无□）
修理说明	确认扶梯驱动主电路是否正常，即扶梯动力输入有无故障，初步排查扶梯不运行故障原因。若以上检查不合格，则需更换相应电气开关	

4．安全开关（装置）检修

按照表 1–4–5 所列项目及操作要点，完成安全开关（装置）的检修，并做好记录。

表 1-4-5　　安全开关（装置）检修记录表

项目	过程图片	操作要点及说明
检查运行	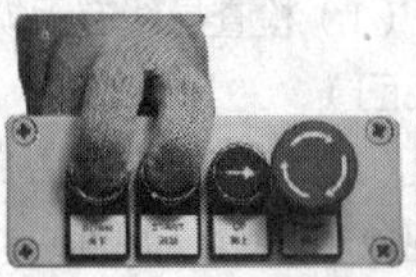 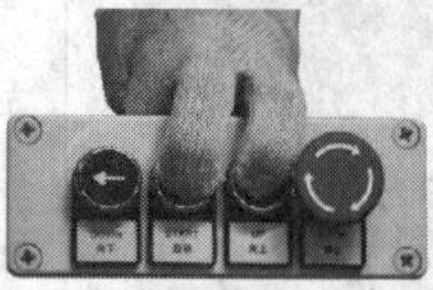	（1）在按下“STOP”按钮时，同时按住“DOWN”和“START”按钮，检查扶梯能否启动（能□，不能□） （2）在按下“STOP”按钮时，同时按住“UP”和“START”按钮，检查扶梯能否启动（能□，不能□）
检查停止按钮		停止按钮位于扶梯两端出入口处的围裙板上，按下停止按钮，检查扶梯能否停止运行（能□，不能□）
检查钥匙开关		（1）钥匙开关是主控开关，转动应灵活，检查操作后是否自动恢复到原来位置（是□，否□） （2）检查钥匙开关是否能启动扶梯运行，并控制其运行方向（上/下）（是□，否□）
检查机房内插座	 	插座供维修人员在桁架内获取电源，可供手提灯、电钻等维修工具使用。检查电源插座是否安装牢固，是否清洁、无锈蚀（是□，否□）
检查梯级链张紧开关/梯级链断裂监测装置	 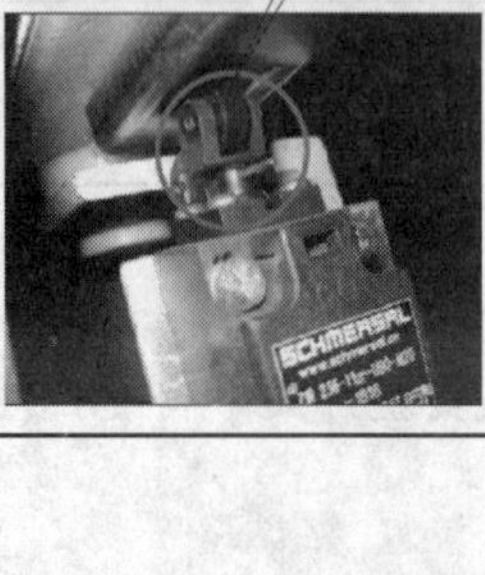	（1）当梯级链断裂或过度拉伸时，张紧架应在张紧弹簧的作用下动作并触发张紧开关，使扶梯停止运行 （2）检查张紧开关与打板的相对位置及固定情况，确认在打板行程范围内（2.5～3.5 mm）能触发张紧开关动作 检查结果：正常□，不正常□

续表

项目	过程图片	操作要点及说明
检查梳齿板安全开关	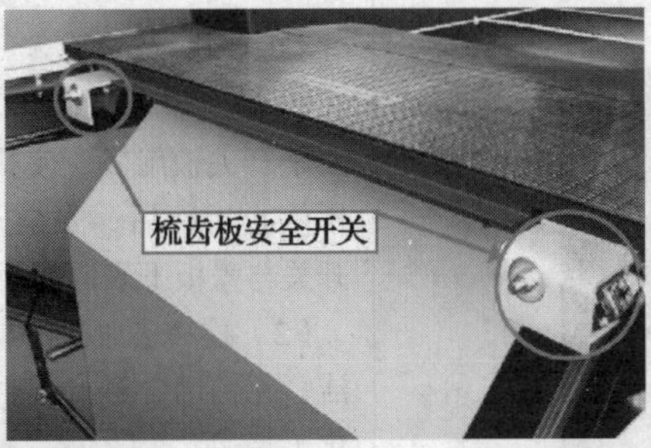 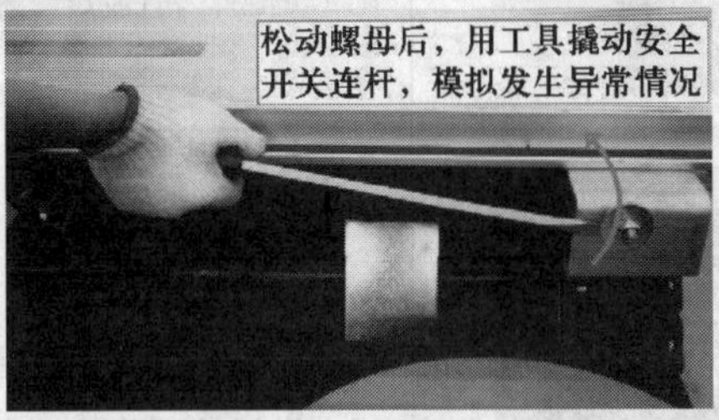	（1）抬起梳齿板 3 ~ 4 mm，梳齿板安全开关应断开，切断安全回路。检查梳齿板安全开关内外是否清洁、无锈蚀，开关接触是否良好、无氧化（是□，否□） （2）检修运行扶梯，用工具撬动安全开关连杆，模拟梳齿板触动安全开关，若扶梯停止运行，说明梳齿板安全开关功能正常 检查结果：停止□，未停止□
检查梯级缺失监测装置		（1）当监测到梯级缺失时，扶梯停止运行。故障排除后，梯级缺失监测装置自动复位，同时需要在控制柜进行系统复位 （2）检查梯级缺失监测装置内外是否清洁、无锈蚀，与梯级侧面的间隙是否在 3 ~ 5 mm（是□，否□）
检查扶手带入口保护开关	 	（1）若有异物进入扶手带与入口挡板之间，该挡板会被推动并触发安全开关，使扶梯停止运行。故障排除后，开关自动复位 （2）开关应安装牢固，无松弛，打板与扶手带两侧空隙均匀，运行时无摩擦，挡板操作压力一般为__________N （3）检查扶手带入口保护开关内外是否清洁、无锈蚀，开关接触是否良好、无氧化（是□，否□）
检查围裙板安全开关	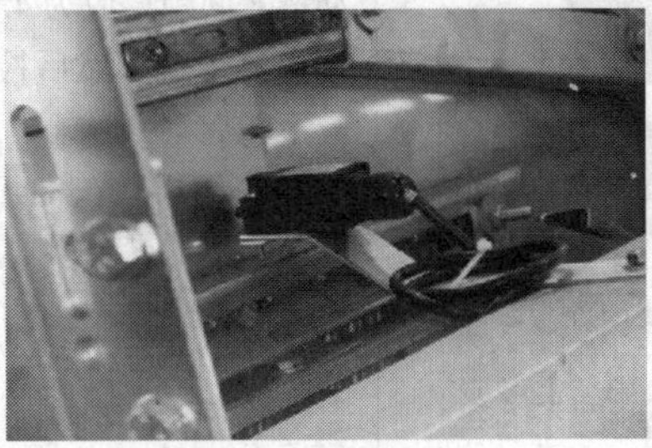	有异物进入梯级和围裙板之间时，安全开关会受到围裙板的压力而被触发，使扶梯停止运行，触点与支架距离为 0 ~ 0.5 mm

续表

项目	过程图片	操作要点及说明
检查盖板监测开关		（1）当盖板被掀起时，检测杆复位，安全开关被触发，使扶梯停止运行。扶梯停止运行后，安全开关需手动复位。开关与盖板下表面的距离为 2 ~ 3 mm。 （2）检查盖板监测开关内外是否清洁、无锈蚀，触点是否接触良好、无氧化（是□，否□）
检查梯级下陷保护开关	 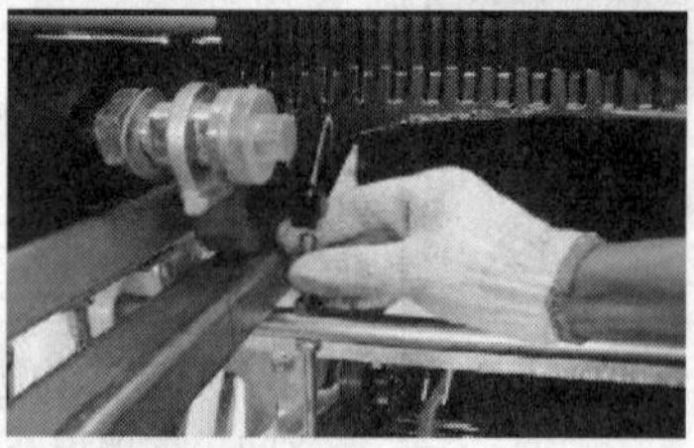 安装位置：倾斜段靠近上、下平层处	（1）梯级断裂或梯级链片发生松脱时，梯级的下陷部分会触动位于其下方的检测杆，从而触发安全开关，使扶梯停止运行。开关动作后，需手动复位。开关与支架距离为 0.5 ~ 1.5 mm。 （2）检查梯级下陷保护开关内外是否清洁、无锈蚀，开关是否接触良好、无氧化（是□，否□）
检查驱动链断链保护装置	 	若驱动链下垂量超过标准范围 10 ~ 20 mm，该装置检测不到信号，扶梯会立即停止运行。驱动链断链保护装置与驱动链之间距离应为 4 ~ 5 mm。将该装置移离驱动链，然后检修运行扶梯，扶梯应不能启动 检查结果：正常□，不正常□

续表

项目	过程图片	操作要点及说明
检查扶手带速度和断带监测装置	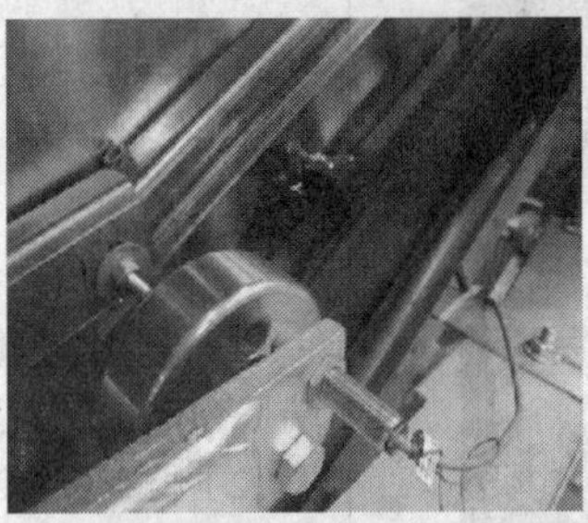	扶手带速度和断带监测装置用于监测扶手带驱动轮运转的频率。若监测到的频率低于额定频率的85%，且持续时间超过5 s，控制系统会发出信号停止扶梯运行。传感器检测面与金属片之间的距离为1 mm 检查结果：正常□，不正常□
检查制动器制动监测装置		当制动器未能正常动作时，此监测装置发出相应的控制信号，控制系统将断开主接触器，切断主回路供电。故障排除后，开关自动复位，控制柜自动复位 检查结果：正常□，不正常□
检查围裙板刷	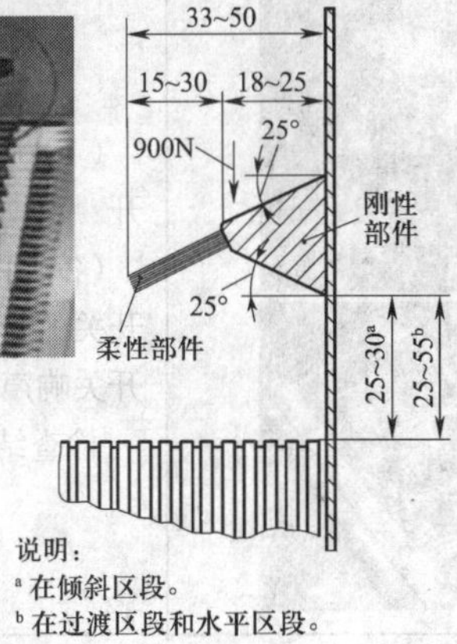	毛刷的材料采用柔软的黑色尼龙丝，在被乘客的鞋子碰过后毛刷应能复原。毛刷的安装位置应满足左图所示尺寸要求 检查结果：正常□，不正常□
修理说明	此部分重点是单独实施安全开关（装置）部件功能检查，正确判断安全开关（装置）好坏，为后续安全回路故障排查奠定基础	

5．安全回路检修

按照表1–4–6所列项目及操作要点，完成安全回路的检修，并做好记录。

表 1-4-6　　安全回路检修记录表

项目	过程图片	操作要点及说明
工具准备	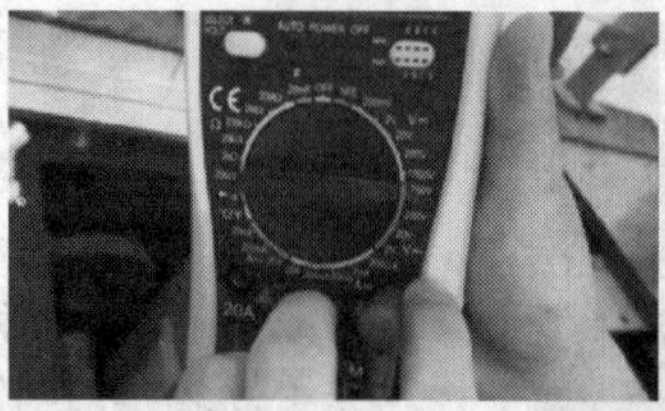	测量电气开关前，应先检查电路，确保电路不带电，因此需要先将万用表量程打到 700 V 交流挡，为检查电源做好准备
电源检查	  	（1）分别测量扶梯主电源 R、S、T 端是否有电（是□，否□） （2）检查所有断路器都应处于断开状态，主电源开关也应处于断开状态 检查结果：正常□，不正常□
梳齿板安全开关检查	 	（1）用旋具将梳齿板安全开关外罩打开 （2）用万用表蜂鸣挡测量梳齿板安全开关的常闭触点，万用表有响声，拨动开关响声消失，则开关有效 检查结果：正常□，不正常□
扶手带入口保护开关检查		（1）用手推开扶手带入口保护罩 （2）用万用表蜂鸣挡测量入口保护开关的常闭触点，万用表有响声，拨动开关响声消失，则开关有效 检查结果：正常□，不正常□

续表

项目	过程图片	操作要点及说明
梯级链张紧开关检查	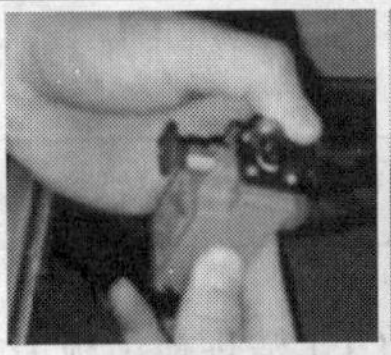 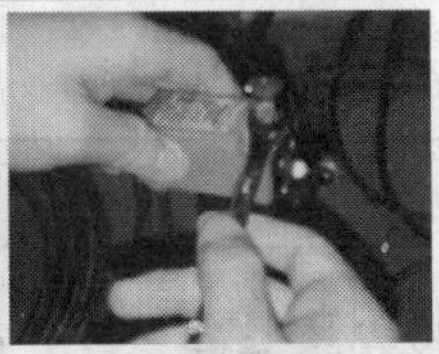 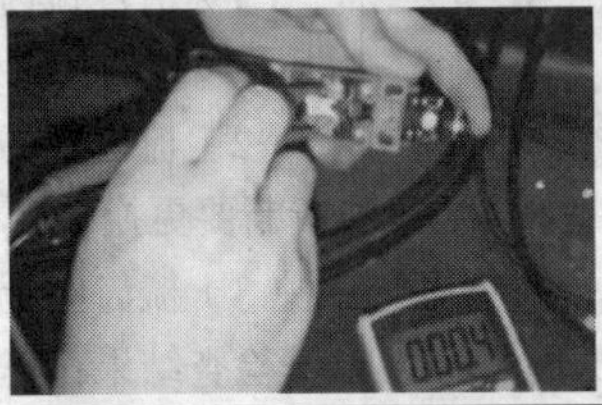	（1）用旋具将张紧开关的外盖板拆除 （2）用万用表蜂鸣挡测量梯级链张紧开关的常闭触点，万用表有响声；使开关螺杆缩回，响声消失，则开关正常 检查结果：正常□，不正常□
梯级下陷开关检查	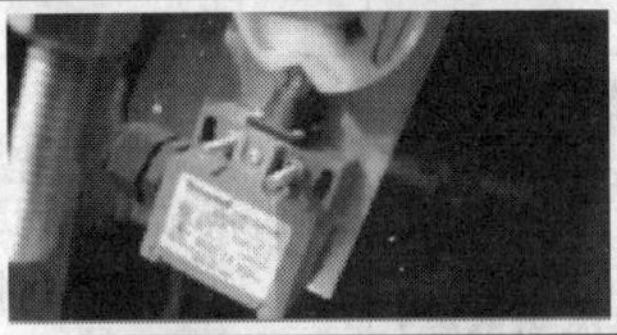	旋转轴杆，触动安全开关，扶梯应无法启动 检查结果：正常□，不正常□
停止按钮检查		用万用表蜂鸣挡测量停止按钮常闭触点，万用表发出响声；按下停止按钮，响声消失，则开关正常 检查结果：正常□，不正常□
急停开关检查	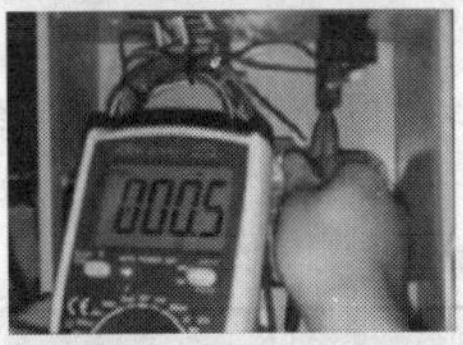 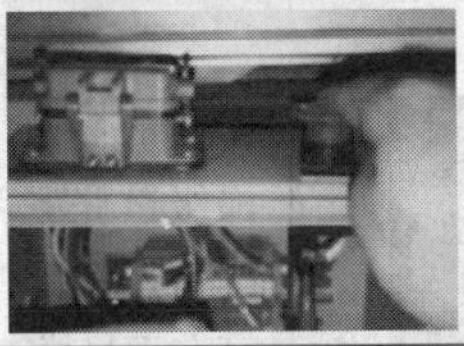	用万用表蜂鸣挡测量急停开关常闭触点，万用表发出响声；按下急停开关，响声消失，则开关正常 检查结果：正常□，不正常□
盖板监测开关检查	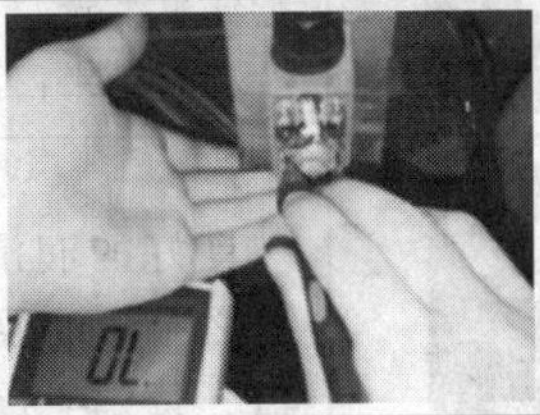	用万用表蜂鸣挡测量常闭触点，万用表发出响声；使开关动作，响声消失，则常闭触点正常 检查结果：正常□，不正常□
修理说明	当用万用表测得扶梯安全回路不通时，需逐一排除安全回路故障，检查故障区域接线是否合格、安全开关（装置）是否功能正常，若有故障则需调整接线、更换故障部件，排除安全回路故障	

6．梳齿板检修

按照表 1–4–7 所列项目及操作要点，完成梳齿板的检修，并做好记录。

表 1–4–7　梳齿板检修记录表

项目	过程图片	操作要点及说明
梳齿板外观检查	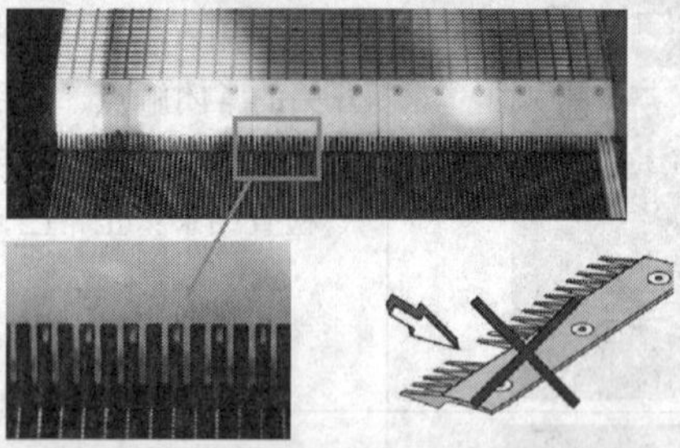	（1）清理梳齿板上的异物，确保梳齿板干净整洁，颜色一致 （2）梳齿板的齿应无折断，连续两齿折断要更换梳齿板 （3）梳齿应干净、完整 检查结果：正常□，不正常□
梳齿板安装检查	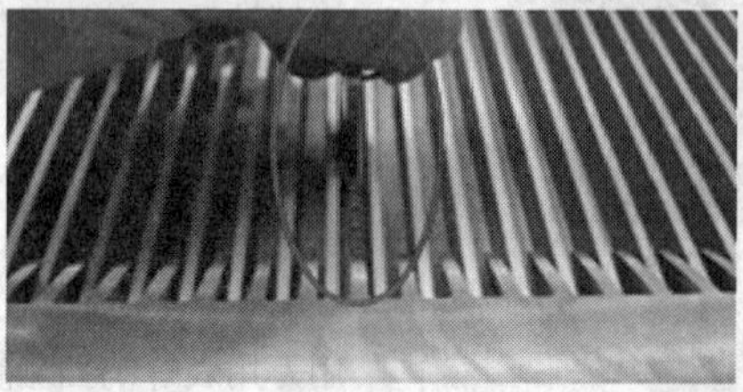	（1）调整梳齿板两侧螺栓，使梳齿与梳齿板对中，无摩擦 （2）用塞尺测量梯级与梳齿板间隙，不应超过 4 mm 检查结果：正常□，不正常□
修理说明	当梳齿板外观、安装出现问题时，会使梳齿板卡异物现象发生，从而引起梳齿板安全开关动作，断开扶梯安全回路，使扶梯停止运行。因此，检修时需对不合格梳齿板进行调整或更换	

7．扶梯驱动链条检修

按照表 1–4–8 所列项目及操作要点，完成扶梯驱动链条的检修，并做好记录。

表 1–4–8　扶梯驱动链条检修记录表

项目	过程图片	操作要点及说明
检查链条和弹簧	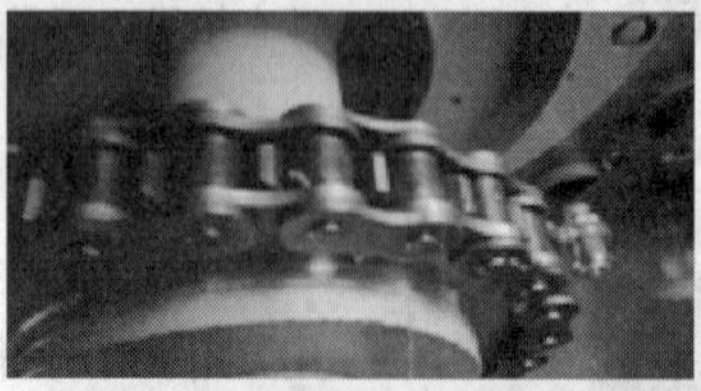	检查扶梯主驱动链、扶手带驱动链、梯级链张紧弹簧、梯级防跳开关弹簧、扶手带张紧弹簧、制动器制动力调节弹簧有无异常 检查结果：正常□，不正常□
检查润滑情况		良好的润滑是设备可靠运行的关键之一。油泵集中供油的油量为 4 L，每 2 ~ 3 个月需补充润滑油一次。润滑由程序自动控制，每隔 48 h 加油一次，一次加油 1 min 左右

续表

项目	过程图片	操作要点及说明
检查润滑情况	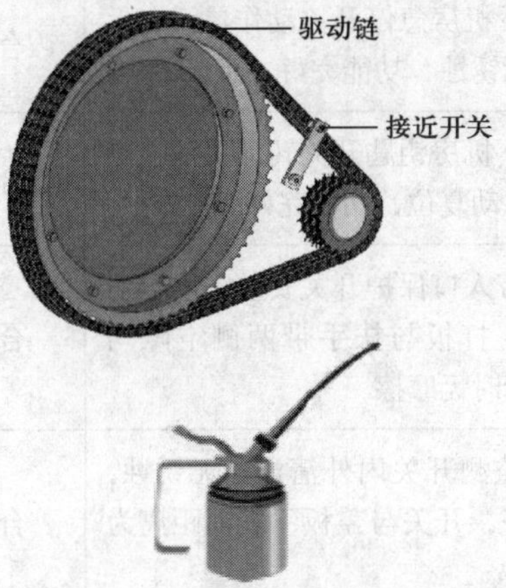	检查梯级链、主驱动链、扶手带驱动链、减速箱及所有轴承的润滑情况 检查结果：正常□，不正常□
修理说明	当主驱动链、扶手带驱动链等出现异常时，会引起驱动链断链保护装置动作，断开扶梯安全回路，使扶梯停止运行。检修时需及时检查、调整或更换不合格零部件	

三、交付验收

1．按表 1–4–9 所示扶梯不运行故障检修结果验收标准进行验收，将检查结果填入表中。

表 1–4–9　　扶梯不运行故障检修结果验收标准

序号	检查项目	检查标准	检查结果
1	电气柜电源检查	供电电源 R、S、T 端工作正常	合格□，不合格□
2		主开关、继电器、接触器、电路板、功率模块、端子排、插件等整洁且功能完好	合格□，不合格□
3		电源箱无灰尘、无油污，电缆固定牢固、整齐、无破损，绝缘皮无老化	合格□，不合格□
4		电源开关、插座功能完好	合格□，不合格□
5	驱动主机检查	驱动主机地脚螺栓固定可靠、无松动	合格□，不合格□
6		扶梯连续运行 4 ~ 5 h 后，主机温升不超过 60 ℃，主机壳体表面温度低于 80 ℃	合格□，不合格□
7		扶梯运行时驱动主机运行平稳，无异响和振动，运行时噪声低于 65 dB	合格□，不合格□

续表

序号	检查项目	检查标准	检查结果
8	安全开关（装置）检查	上、下机房急停开关动作灵活，无卡死，无锈蚀，功能完好	合格□，不合格□
9		上、下机房钥匙开关转动灵活，操作后能自动复位，功能完好	合格□，不合格□
10		扶手带入口保护开关安装牢固、功能完好，打板与扶手带两侧空隙均匀，运行时无摩擦	合格□，不合格□
11		盖板监测开关内外清洁、无锈蚀，功能完好，开关与盖板下表面距离为 2 ~ 3 mm	合格□，不合格□
12		梳齿板安全开关内外清洁、无锈蚀，功能完好。抬起梳齿板 3 ~ 4 mm 后，梳齿板安全开关应断开，切断安全回路	合格□，不合格□
13		驱动链断链保护装置内外清洁、无锈蚀，功能完好，其与驱动链之间的距离应为 4 ~ 5 mm	合格□，不合格□
14		梯级链张紧开关固定牢固可靠，打板移动 2.5 ~ 3.5 mm 应能触发开关动作	合格□，不合格□
15		梯级下陷保护开关内外清洁、无锈蚀，功能完好，开关与支架之间的距离为 0.5 ~ 1.5 mm	合格□，不合格□
16		围裙板安全开关内外清洁、无锈蚀，功能完好，开关触点与支架之间的距离为 0 ~ 0.5 mm	合格□，不合格□
17	驱动链检查	驱动链固定螺栓可靠、无松动	合格□，不合格□
18		驱动链润滑正常	合格□，不合格□
19	运行检查	合上电源，检查自动扶梯运行情况，自动扶梯运行时应无振动、异常的响声和摩擦声	合格□，不合格□
自检结果			合格□，不合格□

2．记录验收过程中存在的问题，小组讨论解决问题的方法，并填入表 1-4-10 中。

表 1-4-10　　　　　　　　验收过程问题记录表

序号	验收中存在的问题	改进和完善措施	完成时间	备注
1				
2				
3				
4				
5				

四、整理工作现场

按生产现场管理 6S 标准，整理工作现场，清除作业垃圾，经指导教师检查合格后方可离开工作现场。

学习活动 5　工作总结与评价

学习目标

1. 能按分组情况，派代表展示工作成果，说明本次任务的完成情况，并做分析总结。

2. 能结合任务完成情况，正确规范地撰写工作总结。

3. 能就本次任务中出现的问题提出改进措施。

4. 能对学习与工作进行反思总结，并能与他人开展良好合作，进行有效沟通。

建议学时　2 学时

学习过程

一、个人、小组评价

以小组为单位，选择演示文稿、展板、海报、视频等形式中的一种或几种，向全班展示、汇报学习及检修成果。在展示的过程中，以小组为单位进行评价；评价完成后，根据其他小组对本组展示成果的评价意见进行归纳总结。

汇报思路设计：

其他小组的评价意见：

二、教师评价

认真听取教师对本小组展示成果优缺点以及在任务完成过程中出现的亮点和不足的评价意见，并做好记录。

1．教师对本小组展示成果优点的点评。

2．教师对本小组展示成果缺点以及改进方法的点评。

3．教师对本小组在整个任务完成过程中出现的亮点和不足的点评。

三、工作过程回顾及总结

1．在团队学习过程中，项目负责人给你分配了哪些工作任务？你是如何完成的？还有哪些需要改进的地方？

2．总结完成扶梯不运行故障检修任务过程中遇到的问题和困难，列举 2 ～ 3 点你认为比较值得和其他同学分享的工作经验。

3．回顾本学习任务的工作过程，对新学专业知识和技能进行归纳和整理，撰写工作总结。

工作总结

评价与分析

按照客观、公正和公平原则，在教师的指导下按自我评价、小组评价和教师评价三种方式对自己或他人在本学习任务中的表现进行综合评价。综合等级按 A（90 ~ 100）、B（75 ~ 89）、C（60 ~ 74）、D（0 ~ 59）四个级别进行填写，见表 1–5–1。

表 1–5–1　　学习任务综合评价表

考核项目	评价内容	配分（分）	评价分数		
			自我评价	小组评价	教师评价
职业素养	劳动保护用品穿戴完备，仪容仪表符合工作要求	5			
	安全意识、责任意识强	6			
	积极参加教学活动，按时完成各项学习任务	6			
	团队合作意识强，善于与人交流和沟通	6			
	自觉遵守劳动纪律，尊敬师长，团结同学	6			
	爱护公物，节约材料，管理现场符合 6S 标准	6			
专业能力	专业知识扎实，有较强的自学能力	10			
	操作积极，训练刻苦，具有一定的动手能力	15			
	技能操作规范，注重检修工艺，工作效率高	10			
工作成果	扶梯故障检修符合工艺规范，检修质量高	20			
	工作总结符合要求	10			
总　分		100			
总评	自我评价 ×20%+ 小组评价 ×20%+ 教师评价 ×60%=	综合等级	教师（签名）：		

学习任务二　扶梯梯级下陷故障检修

学习目标

1. 能读懂故障检修任务书和扶梯维修与保养记录单，与客户等相关人员进行专业沟通，明确检修任务。

2. 能识别扶梯的梯级种类，并能描述其结构、特点等。

3. 能进行现场勘查，与小组成员沟通，确定现场是否符合检修条件。

4. 能制订扶梯梯级下陷故障的检修计划和方案，并进行方案优化。

5. 能根据安全操作规程和检修规范，正确使用工量具和防护用品。

6. 能正确检查并清理梳齿板异物，更换和调整梳齿板。

7. 能正确检查、更换、调整扶梯梯级装置、下陷保护开关等。

8. 能完成扶梯梯级下陷故障的排除。

9. 能按行业标准对故障检修结果进行自检，确保扶梯可以安全可靠运行，并交付项目主管验收。

10. 能完成扶梯梯级下陷故障检修的工作总结与评价。

11. 检修过程中能严格执行各项安全生产制度、环保制度及生产现场管理 6S 标准。

建议学时

30 学时

工作情境描述

某大厦的扶梯梯级下陷，客户向维修企业客服报修后，客服将问题反映给维保部经理，维保部经理将任务分配给维修人员，要求在 4 h 内完成扶梯梯级下陷故障检修工作，使扶梯正常运行，完成后交付验收。

工作流程与活动

学习活动 1　明确检修任务（6 学时）

学习活动 2　检修前的准备（8 学时）

学习活动 3　制订检修计划（2 学时）

学习活动 4　检修实施（12 学时）

学习活动 5　工作总结与评价（2 学时）

学习活动 1　明确检修任务

学习目标

1. 能通过识读扶梯梯级下陷故障检修任务书，明确检修任务。

2. 能识读扶梯维修与保养记录单，获取扶梯维修与保养情况。

3. 能识别扶梯的梯级种类，并能描述其结构、特点等基本知识。

建议学时　6 学时

学习过程

一、明确扶梯梯级下陷故障检修任务

1．领取扶梯梯级下陷故障检修任务书

扶梯维修人员从维保部经理处领取扶梯梯级下陷故障检修任务书（见表 2–1–1），到达现场与客户方的扶梯安全员进行沟通，获取扶梯型号、参数、电路图纸，阅读相应的安全操作规范，完善扶梯故障现象记录，了解本次工作的基本内容。

表 2–1–1　扶梯梯级下陷故障检修任务书

故障日期		报修人及联系电话	
报修时间		接报人	
地址			
到达时间		完成时间	

续表

故障现象			
故障原因			
处理结果			
客户意见	客户签名：　　　日期：		
备注			
维保部经理		维修作业人员	

注：“故障原因”“处理结果”和“客户意见”栏等需在完成后续相应学习活动后填写。

2．识读扶梯维修与保养记录单

从客户处获取所维修扶梯的维修与保养记录单，了解扶梯的维修及定期保养情况，并记录在表 2–1–2 中。

表 2–1–2　　扶梯的维修及定期保养情况

序号	项目	相关信息
1	使用单位	
2	维修与保养单位	
3	扶梯编号及型号	
4	扶梯保养项目	
5	扶梯维修项目	

二、认识扶梯梯级装置

根据扶梯维修与保养要点，查阅扶梯维修与保养手册和《自动扶梯和自动人行道的制造与安装安全规范》（GB 16899—2011），查看实训扶梯外观，了解扶梯梯级装置的结构等，记录在表 2–1–3 中，为后期开展扶梯维修与保养提供技术与现场数据支持。

表 2–1–3　　扶梯梯级装置结构认识表

1．简述扶梯梯级的定义和功能。
2．简述扶梯梯级的种类和特点。
3．简述扶梯梳齿板的定义。

续表

4．扶梯梳齿板的常见种类有哪些？
5．简述梯级链的结构组成及选用原则。
6．根据图示分别写出扶梯梯级链的结构组成。

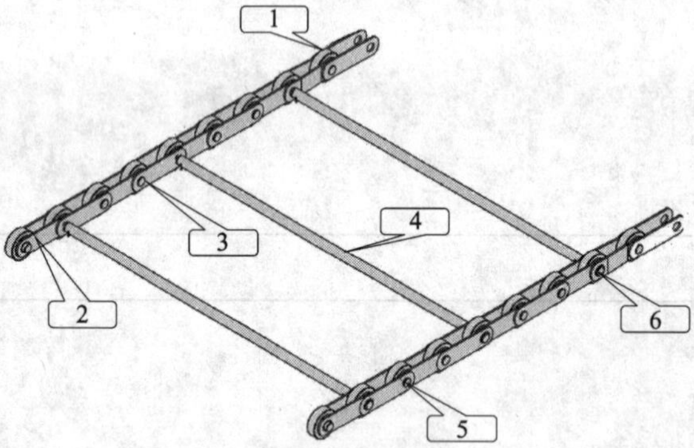

扶梯梯级链

1		4	
2		5	
3		6	

7．简述梯级装置的结构组成及特点。

续表

8．根据图示分别写出扶梯梯级的结构组成。

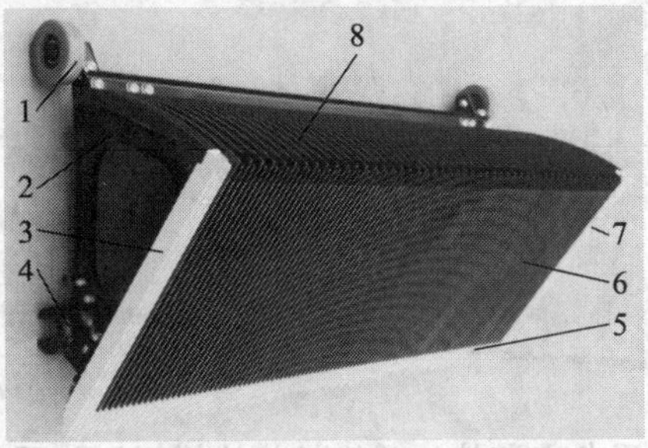 扶梯梯级 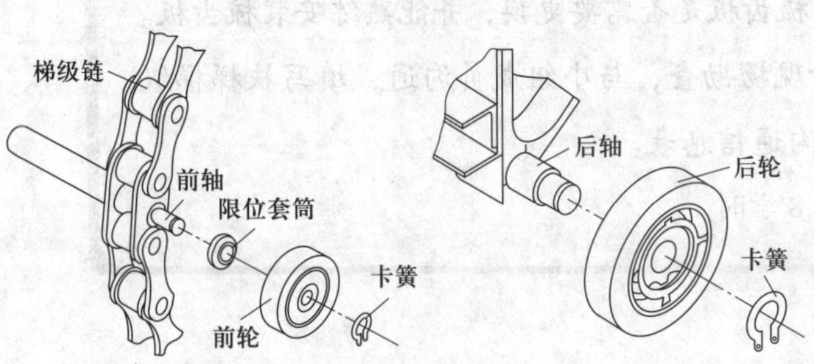 结构示意图	1		5	
	2		6	
	3		7	
	4		8	

9．根据图示分别写出扶梯梯级各部分尺寸的名称。

梯级各部分尺寸	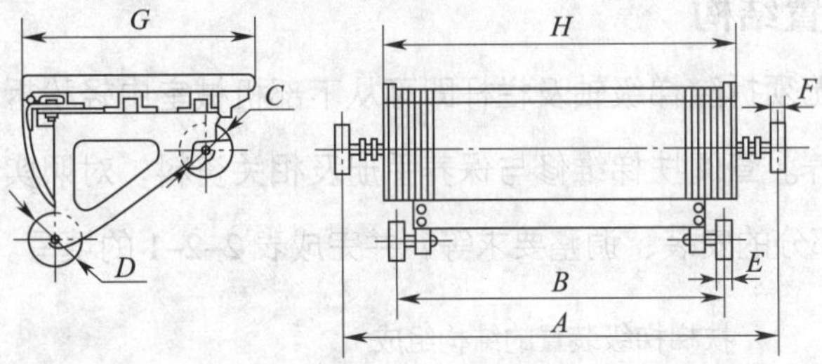	*A*		*E*	
		B		*F*	
		C		*G*	
		D		*H*	

学习活动 2　检修前的准备

学习目标

1. 能识别扶梯梯级装置各零部件，并能拆装扶梯梯级装置。

2. 能判断梳齿板是否需要更换，并能熟练安装梳齿板。

3. 能进行现场勘查，与小组成员沟通，填写扶梯梯级下陷故障检修沟通信息表。

建议学时　8 学时

学习过程

一、认识扶梯梯级装置结构

梯级固定在梯级轴上且无须拆除梯级轴及栏杆即可从下部机械室中轻松拆除，具有很好的互换性，方便维修与保养。查阅扶梯维修与保养手册及相关资料，对照实训扶梯，了解扶梯梯级装置的结构及各部分的安装、调整要求等，并完成表 2–2–1 的填写。

表 2–2–1　　扶梯梯级装置的结构组成

名称	图示	说明
梯级链	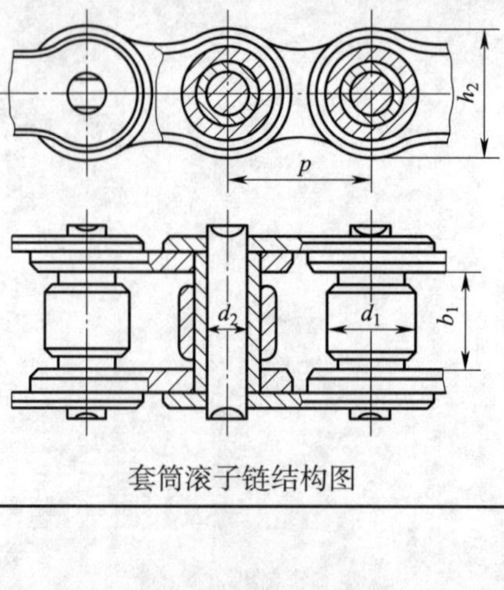 套筒滚子链结构图	（1）梯级链是扶梯重要的驱动部件，一般为套筒滚子链，由______、套筒、______、______和外链板组成。左图中，p 为______，即滚

续表

名称	图示	说明
梯级链	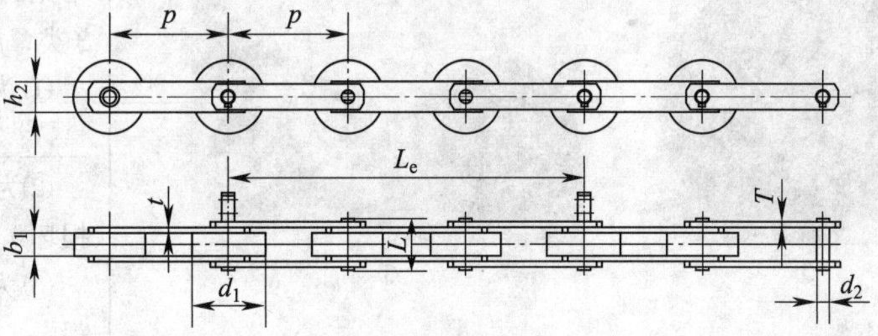 梯级链结构图	子链上相邻两滚子中心的距离。梯级链安全系数应大于等于 8 倍 （2）梯级链于梯级两侧各装设________条，两侧梯级链通过________连接起来，左右对应的两条梯级链要进行________，以保证两条梯级链________一致，否则将造成梯级跑偏 （3）梯级链应运转平稳，张紧适度，用 15 N 的力按压链条，变化应不超过________mm。链条节距应无明显变化，链条完好无损，没有生锈、磨损、变形或裂纹，开口销、卡簧完好。如果运行时梯级链产生很大振动和噪声，则需要及时更换

续表

名称	图示	说明
梯级滚轮	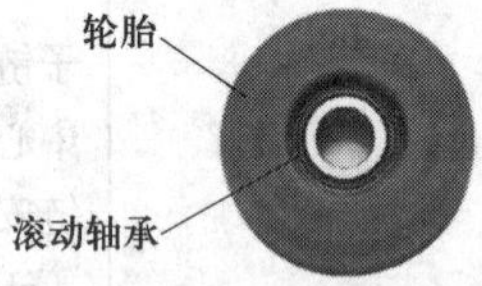 a）一体式滚轮 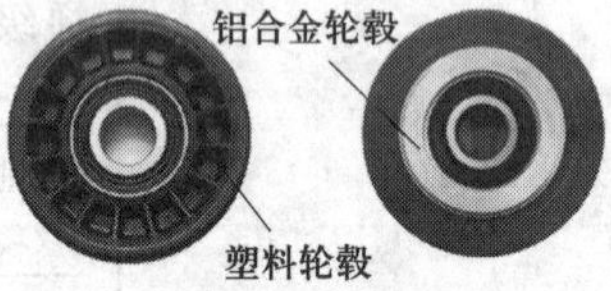 b）轮毂式滚轮 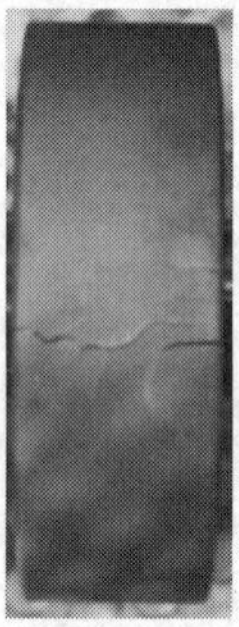 ①  ②  ③	（1）梯级滚轮一般采用________材料，结构通常由________、________和________组成 （2）通用型梯级滚轮直径为______mm，宽度为______mm；磨损分别不允许超过______mm和________mm （3）梯级滚轮常见的失效形式有3类，如左图所示 ①为轮胎产生________________ ②为________损坏 ③为轮胎和轮毂______________
梯级踏面		梯级踏面应具有槽深为______、槽宽为________、齿顶宽为________的等节距齿形，且齿条方向与运行方向一致

续表

名称	图示	说明
梯级空心轴套	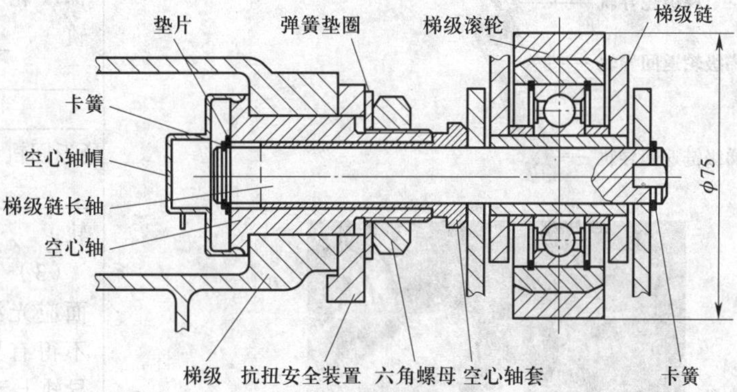	（1）在梯级链长轴上依次套入六角螺母、弹簧垫圈、异型卡扣（抗扭安全装置）、________、________等，然后用卡簧在端头固定 （2）将空心轴帽用力嵌压在空心轴端头，其作用是________ （3）梯级套在空心轴上，旋转空心轴，将抗扭安全装置的凸台扣在梯级上，用36 mm开口扭矩扳手来回拧紧六角螺母，保证其拧紧力矩为________N·m （4）空心轴套的失效形式有： 1）________ 2）________ 3）________
梯级梳齿条（黄边）		（1）前段的拆除方法：向前方拉出即可拆除 （2）后段的拆除方法：向________拉出，接着______即可拆除 （3）两侧的拆除方法：拆除环状螺栓即可拆除

续表

名称	图示	说明
导轨	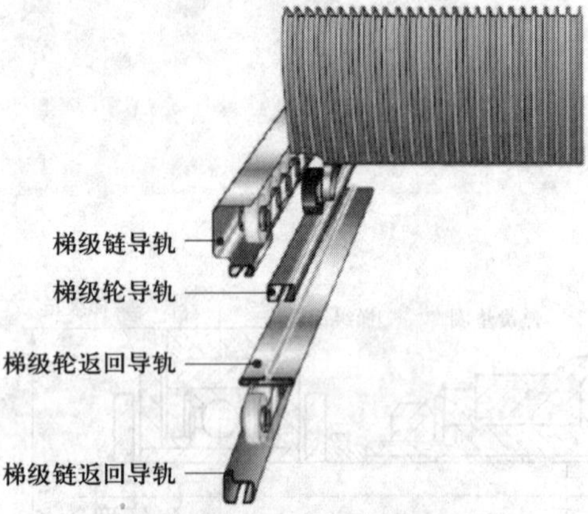 	（1）导轨一般采用冷拔角钢或冷弯型材，具有质量小、相对刚度大、制造精度高等特点，便于装配和调整 （2）导轨分为梯级轮导轨（主轨）、______________（辅轨）、______________（返回轨）、______________（防跳轨） （3）导轨内表面应光滑、平整，不得有异物凸出，导轨上无龟裂，导轨行走面上无磨损（______mm以下），导轨内表面对接台阶小于_____mm，接缝间隙不大于______mm

二、了解梳齿板的安装要求和更换标准

为确保乘客上、下扶梯的安全，必须在扶梯的进出口处设置梳齿板。试查阅相关资料，了解梳齿板的安装要求和更换标准等，并完成表 2–2–2 的填写。

表 2–2–2　　梳齿板的安装要求和更换标准

1. 简述梳齿板安装的具体要求。

续表

2. 梳齿板的更换标准

项目	现象	更换标准
异物	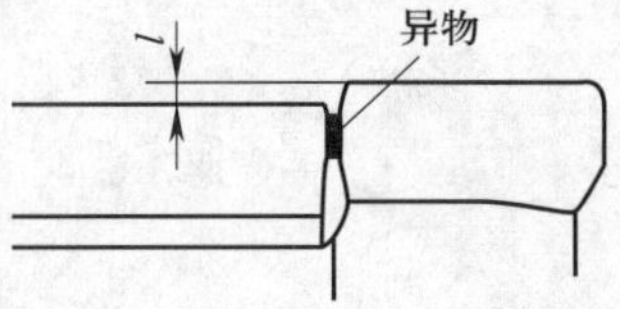	在平面有异物进入而使顶端突起______mm 以上，即使______，还是突起______mm 以上
毛刺突起	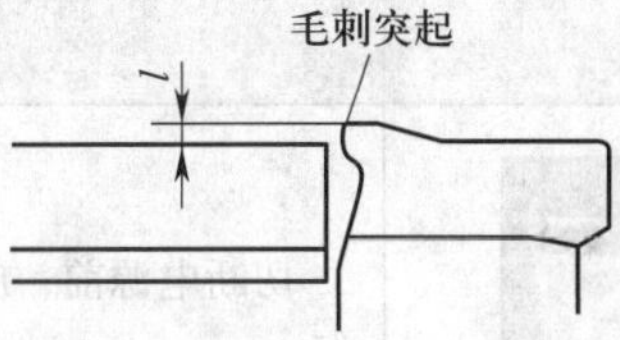	前端有______mm 以上毛刺突起的，不足______mm 的时候最好用______削掉
折断	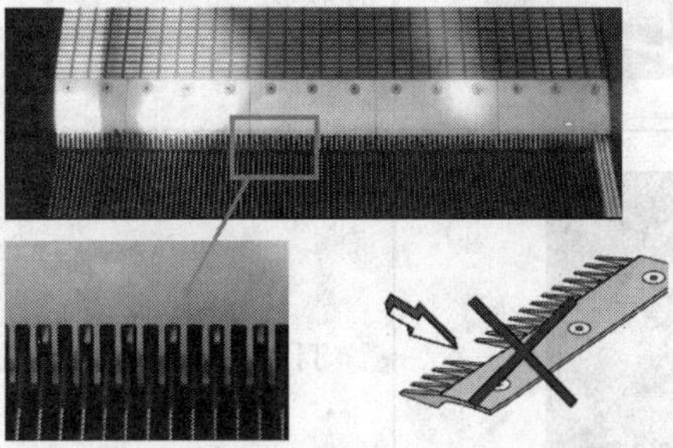	______折断
外观		______有明显损伤

三、拆装梯级装置

查阅相关资料，了解哪些情况下需要拆卸、更换或调整扶梯的梯级，将表 2–2–3 中拆装梯级的操作要点补充完整，并参照表 2–2–3 所列步骤完成梯级装置的拆装训练。

表 2-2-3　　梯级装置的拆卸与安装

1．哪些情况下需要拆卸、更换或调整梯级？

2．梯级的拆卸顺序

步骤	图示	操作要点
切断电源		切断电源前，应先确认________，做好____________（扶梯上、下出入口处），然后切断扶梯____________，使扶梯____________
拆盖板		打开扶梯上、下部盖板
取防护挡板		取出梯级防护挡板
拆下部梳齿板		拆除下部梳齿板

续表

步骤	图示	操作要点
盘车至合适位置	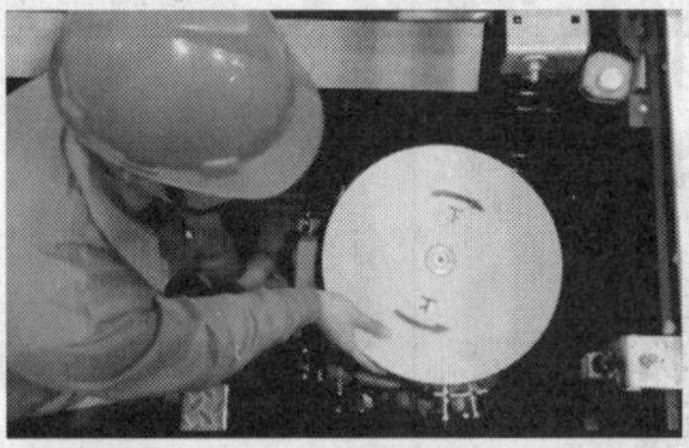 	采用________或用________将损坏的梯级运行到下部转向壁上的________（梯级装卸一般在张紧装置处进行）
拆除第一个梯级		松开梯级螺栓（M24六角螺母，用________号开口扳手），在装卸口将损坏的梯级取下，两边________；提取梯级时，应注意不要碰坏________；拆卸下来的梯级应摆放整齐，且保护好________，不能________
盘车	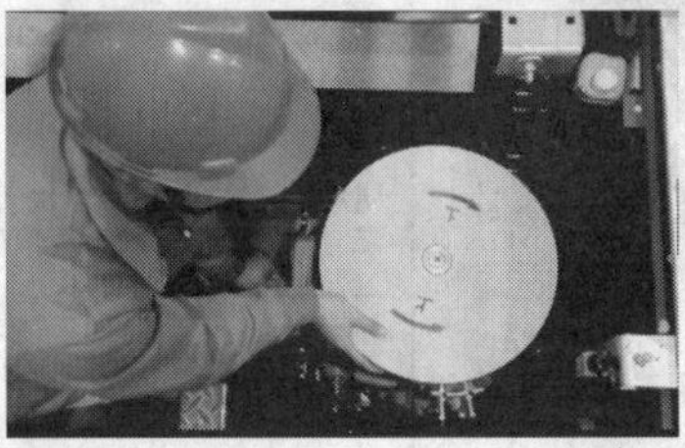	方法同前
拆除第二个梯级	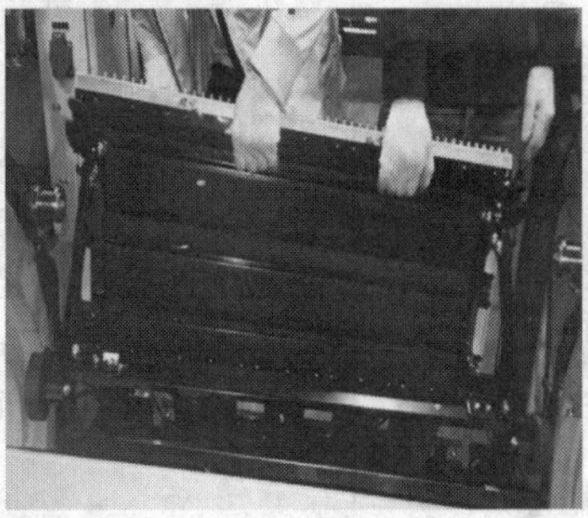	方法同前

续表

3．梯级的安装顺序

步骤	图示	操作要点
盘车		将梯级盘车至合适位置
装入梯级辅轮	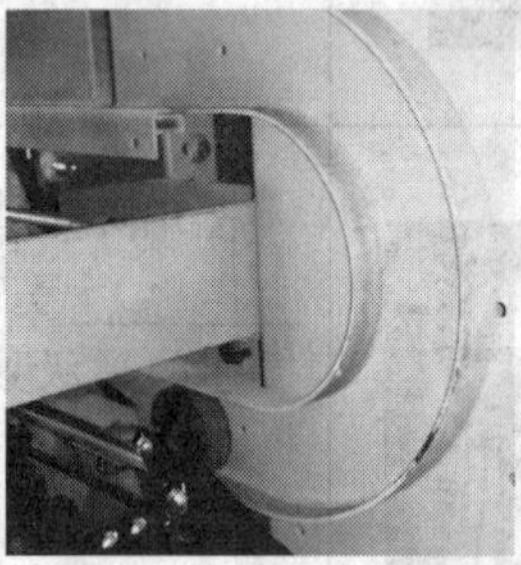	先将_________辅轮导轨装入辅轮；再从_________辅轮导轨处装入另一个辅轮
安装C形卡扣		C形卡扣装入主轮销轴后，旋转90°，保证C形卡扣开口处与主轮销轴_________
安装锁紧螺母	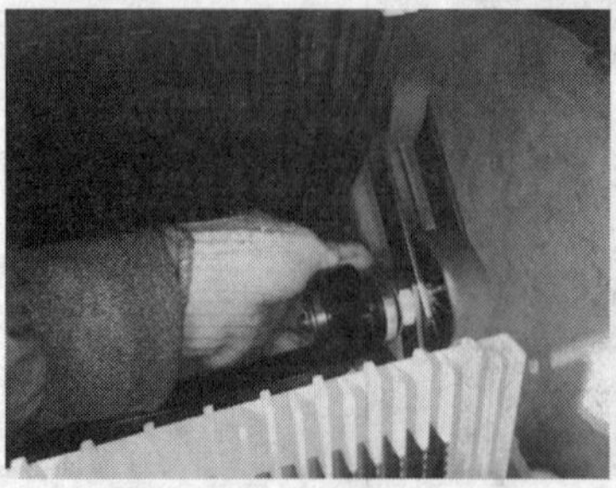	将锁紧螺母螺纹对齐后再拧紧，切勿_________；曲折防松垫圈，保证螺纹连接具有足够的预紧力，防止_________；如防松垫圈_________，应更换新的防松垫圈

续表

步骤	图示	操作要点
依次装入每个梯级		盘车后依次装入每个梯级，确保梯级安装准确，即切面对齐、C 形卡扣轴向无间隙、异型卡扣位置正确、螺母预紧到位 注意两个相邻梯级之间的距离，距离过大，将无法安装________；距离过小，则容易损坏________
盘车检查		将装好的梯级盘车至__________，测量安装数据 盘车时，注意观察新装入梯级与__________的啮合情况、与两边__________的间隙，有干涉应__________，调整合适后再继续
装梳齿板等		梯级通过梳齿板时应________，且二者间隙应符合国家标准要求，使梯级通过无________现象 最后，安装防护挡板、盖板

小提示：
（1）拧松螺栓时，应注意不要碰坏梳齿条
（2）施工时必须先切断电源并挂上“检修中，禁止合闸”的警示牌
（3）不要弄丢螺栓和防松垫圈
（4）拆除梯级时，要注意不能碰到钢化玻璃
（5）站立在拆除了梯级的前轴上，轴会有旋转的危险，应注意安全

四、现场勘查，填写扶梯梯级下陷故障检修沟通信息表

进行现场勘查，根据扶梯梯级下陷故障检修任务书及扶梯维修与保养记录单，明确故障现象，对扶梯故障原因进行分析与初步判断，确定现场是否符合检修条件，与扶梯使用单位管理人员进行沟通，明确工作时间及调试要求等，填写扶梯梯级下陷故障检修沟通信息表，见表 2–2–4。

表 2–2–4 扶梯梯级下陷故障检修沟通信息表

NO.

报修单位：	年 月 日

1．扶梯基本情况

扶梯型号		使用编号	
制造单位		安装单位	
制造日期		投运时间	
提升高度	______m	额定速度	______m/s
梯级宽度	______mm	使用地点	

2．检修作业人员

姓名		证件号		到达时间		离场时间	
姓名		证件号		到达时间		离场时间	
姓名		证件号		到达时间		离场时间	

3．工作内容

序号	检修项目	序号	检修项目
1		9	
2		10	
3		11	
4		12	
5		13	
6		14	
7		15	
8		16	

续表

故障现象确定（报修内容）		拟处理方式	
故障排除记录			
换件情况	零件名称（型号）	零件具体位置	备注
备注（客户意见）：			客户签名：

注：“故障排除记录”和“换件情况”栏等需在完成后续相应学习活动后填写。

学习活动 3　制订检修计划

学习目标

1. 能明确扶梯梯级下陷故障的检修流程。

2. 能分析扶梯梯级下陷故障的原因，制订扶梯梯级下陷故障的检修计划和方案，并进行方案优化。

建议学时　2 学时

学习过程

一、确定检修流程

1．查阅相关资料，了解扶梯梯级下陷故障的常见原因及处理方法。

2．扶梯梯级下陷故障的检修步骤包括现场检查，设置安全警示牌，检查施工条件，准备工具和材料，检查扶梯下陷故障代码、梯级及相关部件外观、安装数据，盘车拆卸梯级，更换或调整故障梯级零部件，调整或更换梯级相关电气开关，盘车安装梯级，检查梯级及相关部件安装数据等，试按正确的顺序将图 2-3-1 所示扶梯梯级下陷故障的检修流程补充完整，并简述检修注意事项。

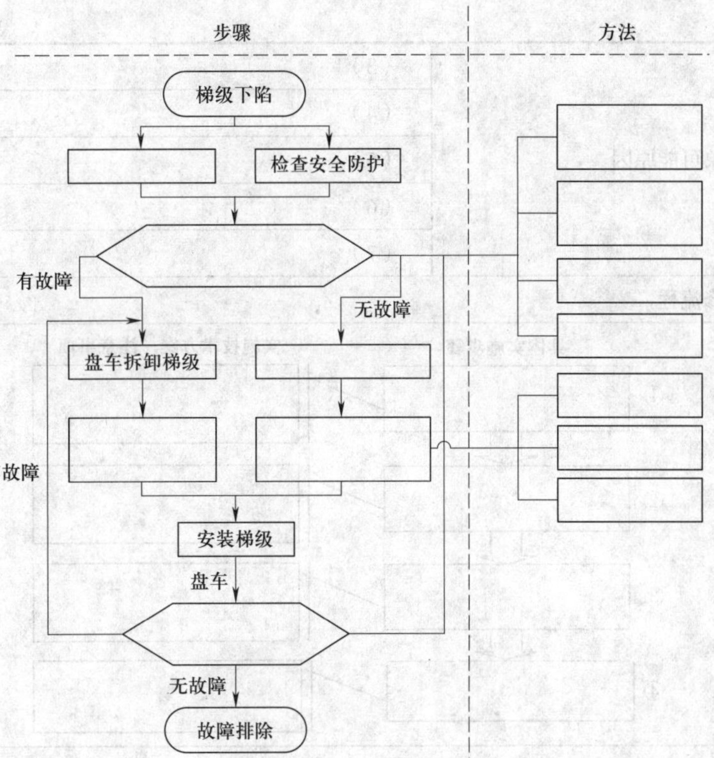

图 2–3–1　扶梯梯级下陷故障的检修流程

注意事项：

二、制订工作计划

1．根据扶梯梯级下陷故障的检修要求，制订工作计划，填写在表 2–3–1 中。

表 2–3–1　　　　　　　　　　工作计划表

1．扶梯型号	
2．所需的工具、设备、资料	
3．故障现象可能原因	（1）
	（2）

续表

3. 故障现象可能原因	（3）
	（4）
	（5）
	（6）
	（7）

4. 故障检修流程

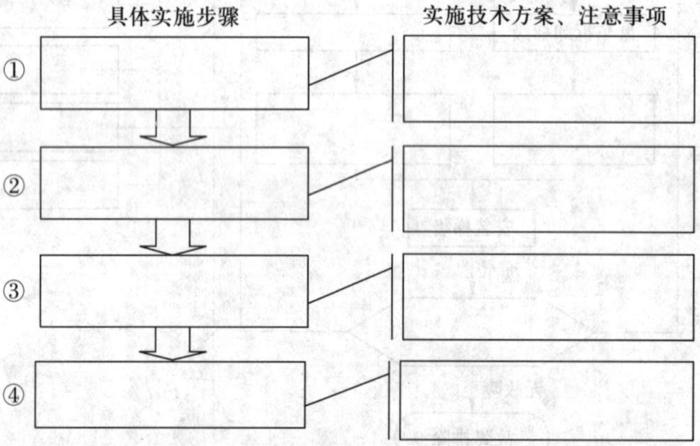

5. 人员分工

序号	工作内容	负责人	计划完成时间	质量检验人
1				
2				
3				
4				
5				

2．制订工作计划之后，需要对计划内容、实施的检修方案进行可行性研究，并对实施地点、准备工作、过程及方案等细节进行探讨分析，以保证后续检修实施的安全可靠执行。试以小组为单位就以上问题进行讨论，并根据讨论结果完善工作计划，记录主要修改内容。

学习活动4　检 修 实 施

学习目标

1. 能根据安全操作规程和检修规范，正确使用卡簧钳、木锤、水平尺等工量具。

2. 能正确检查并清理梳齿板异物，更换和调整梳齿板。

3. 能正确检查、更换、调整扶梯梯级装置和梯级下陷保护开关等。

4. 能完成扶梯梯级下陷故障的排除。

5. 能按行业标准对故障检修结果进行自检，确保扶梯可以安全可靠运行，并交付项目主管验收。

6. 检修过程中能严格执行各项安全生产制度、环保制度及生产现场管理6S标准。

建议学时　12学时

学习过程

一、物料准备

1．填写物料单

根据扶梯梯级下陷故障检修流程的要求，在组长的带领下，就物料名称、数量和规格等进行核对，填写扶梯梯级下陷故障检修物料单（见表2–4–1），为物料领取提供凭证。

表 2-4-1　　扶梯梯级下陷故障检修物料单

检修人员						时间	
使用单位						地址	
领用时间						归还时间	
序号	物料名称	数量	单位	规格	领用时间	归还时间	归还检查
1	内六角扳手						完好□，损坏□
2	十字旋具						完好□，损坏□
3	开口扳手						完好□，损坏□
4	梅花扳手						完好□，损坏□
5	卡簧钳（外）						完好□，损坏□
6	水平尺						完好□，损坏□
7	钢直尺						完好□，损坏□
8	游标卡尺						完好□，损坏□
9	斜塞尺						完好□，损坏□
10	红丹粉						完好□，损坏□
11	尖嘴钳						完好□，损坏□
12	扭矩扳手						完好□，损坏□
13	除锈剂						完好□，损坏□
14	砂纸						完好□，损坏□
15	润滑脂						完好□，损坏□
16	木锤						完好□，损坏□
17	胶锤						完好□，损坏□

2．认识卡簧

查阅相关资料，了解卡簧及其在扶梯梯级装置上的应用，完成表 2-4-2 的填写。

表 2-4-2　　卡簧认识表

（1）简述卡簧的定义、分类及其特点。

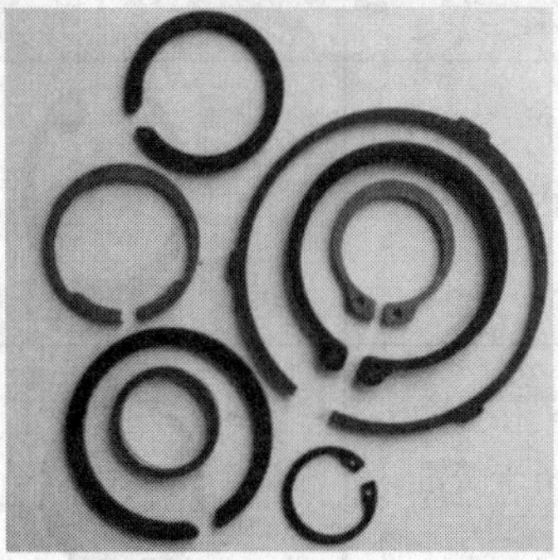

卡簧

（2）写出下图所示扶梯梯级装置上使用的卡簧类别、材料及型号。

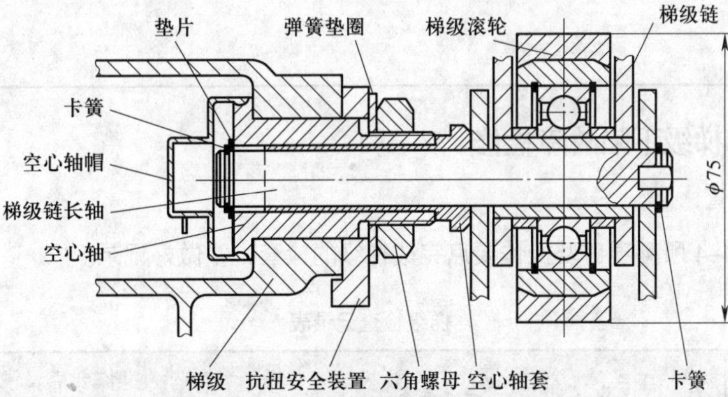

序号	位置	卡簧类别	材料	型号
1	梯级滚轮轴端			
2	空心轴轴端			

3．卡簧钳的使用

查阅资料，了解卡簧钳的作用、分类及使用方法，完成表 2-4-3 的填写。

表 2-4-3　　卡簧钳的作用、分类及使用方法

（1）简述卡簧钳的作用和分类。

续表

（2）简述卡簧钳的使用方法。

名称	图示	使用方法
内卡簧钳	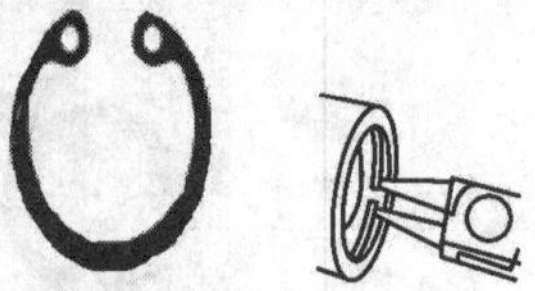	
外卡簧钳	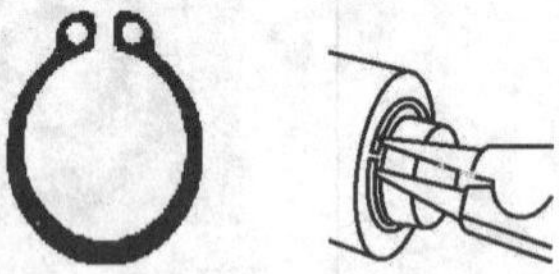	

（3）简述卡簧钳的使用注意事项。

二、扶梯梯级下陷故障检修

1．梯级检查

按照表 2–4–4 所列项目及操作要点完成梯级的检查，并做好记录。

表 2–4–4　梯级检查记录表

项目	过程图片	操作要点及说明
检查踏板	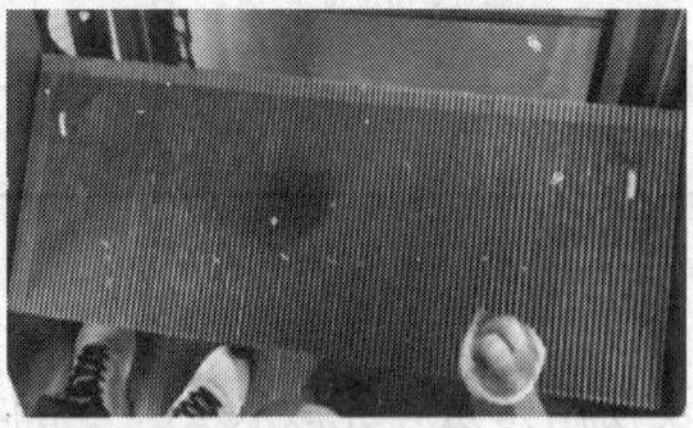	（1）检查有无损伤（有□，无□） （2）检查有无污秽（有□，无□） （3）检查前段梳齿条与踢板有无接触（有□，无□） （4）检查梯级梳齿条有无折断、扭曲（有□，无□）。梯级梳齿条折断或扭曲成一条时，需更换 （5）更换梯级梳齿条后，装入扶梯，并确认未接触前后梯级及梳齿
检查踢板		（1）检查有无损伤（有□，无□） （2）检查有无污秽，可从下部观察，如有污秽，将很显眼（有□，无□） （3）检查踢板与下一梯级前段梳齿条有无接触（有□，无□）

续表

项目	过程图片	操作要点及说明
检查前沿板		（1）检查有无损伤（有□，无□） （2）检查有无污秽（有□，无□）
检查前轴	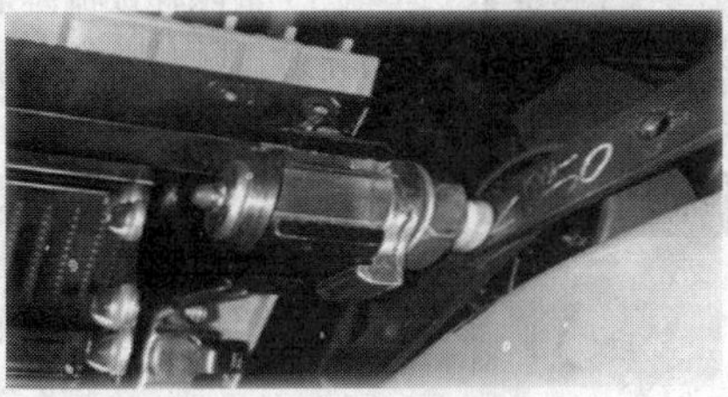	（1）检查轴上是否生锈（是□，否□） （2）检查梯级链连接片是否变形、龟裂，转动是否灵活（是□，否□） （3）轴上有黏结现象时，应在梯级链连接片的入油口加入机油，并轻轻旋转 （4）应定期地给梯级链加油 （5）检查空心轴套螺纹是否损坏（是□，否□）
检查前后（主辅）轮	 	（1）检查前后轮的胶是否剥落、龟裂（是□，否□） （2）检查轴承是否有异响（是□，否□） （3）检查卡簧的安装是否正确（是□，否□） （4）前后轮上有剥落时，应马上更换 1）用卡簧钳拆除轴上的卡簧 2）从轴上拆除前后轮 3）装上新的前后轮之后，安装好卡簧
检查梳齿板		（1）检查表面有无损伤（有□，无□） （2）检查有无小石粒卡滞（有□，无□） （3）检查安装是否松动，若松动，运行中会有摩擦声（是□，否□）

续表

项目	过程图片	操作要点及说明
检查梯级梳齿条与梳齿板		（1）梳齿板的齿设置在梯级梳齿条槽的中央位置上，并确认不能接触和偏移，左右偏差应不大于 1 mm （2）梳齿板根部与梯级梳齿条间隙为 3 ~ 5 mm。若梳齿板与梯级梳齿条有接触，应调整梳齿板的位置，使扶梯上、下行时梳齿间无接触 （3）清除梯级梳齿条和梳齿板上夹着的异物 （4）梳齿板的齿应无折断，即使有________个齿折断也要更换梳齿板 （5）梳齿板的安装螺钉应无松动，严禁在________时更换梳齿板
检查梯级与围裙板	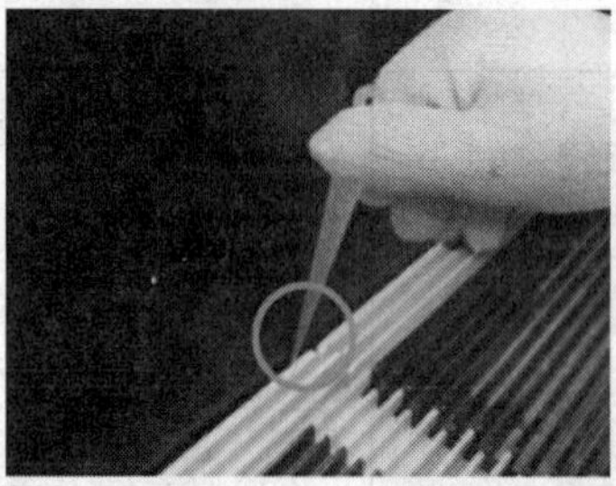	（1）梯级与围裙板的间隙太大，会有夹住物品的危险 （2）用斜塞尺量取间隙，单边间隙应小于________，总间隙小于________ （3）左右两侧，________、后端各选一个位置进行测量，检查间隙是否一样（是□，否□）
检查梯级水平度		梯级的水平度不应超过 1%，如果偏差超标，需要检查两列梯级导轨的水平度，或者更换相应的梯级滚轮。经测，宽度方向为________，运行方向为________，实测结果________（合格□，不合格□）
检查梯级运行		检查梯级运行中的步级、平台是否正常（是□，否□）。当出现异响、振动时，则按前述要求进行检查
修理说明	梯级出现零部件变形、故障或安装不合格，是梯级下陷故障产生的主要原因之一，因此应先检查、更换及调整故障梯级零部件，为后续梯级下陷故障排除奠定基础	

2．梯级下陷故障排除

按照表 2–4–5 所列步骤及操作要点，完成梯级下陷故障的排除，并做好记录。

表 2–4–5　　梯级下陷故障排除记录表

步骤	过程图片	操作要点及说明
做好防护工作，切断扶梯主电源	 	（1）确认扶梯上无人 （2）做好作业区防护工作（扶梯上、下出入口处） （3）切断扶梯主电源
锁紧扶梯制动器		锁紧扶梯制动器，确保扶梯梯级不发生任何移动
检查梳齿板	 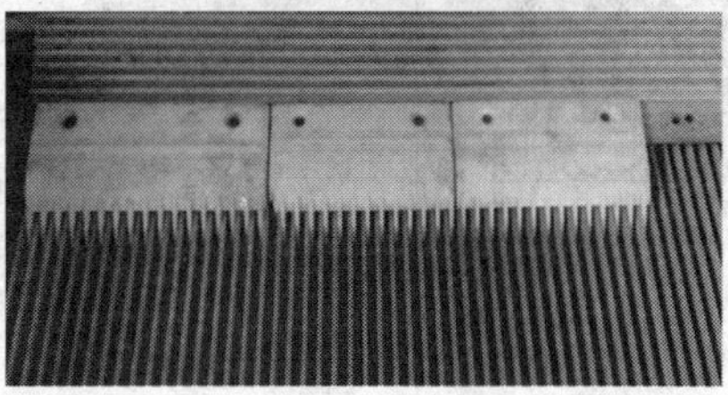	（1）表面无损伤 （2）无小石粒卡滞 （3）安装无松动，若松动，运行中会有摩擦声 （4）梯级梳齿条无折断、扭曲

续表

步骤	过程图片	操作要点及说明
拆卸梳齿板	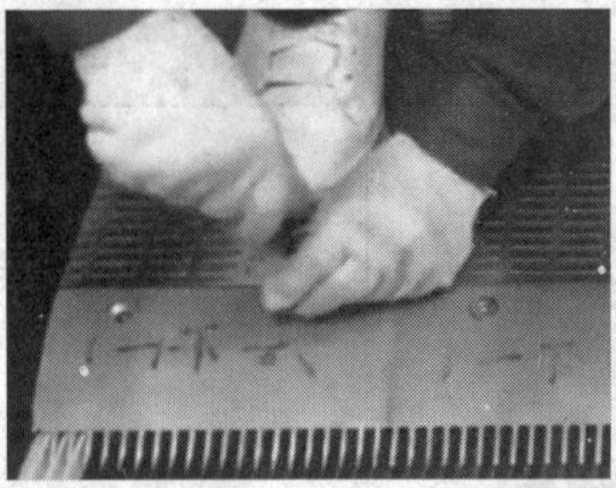	（1）梳齿板的齿无折断，即使只有1个齿折断也要更换梳齿板 （2）正确使用工具拆卸梳齿板 （3）给梳齿板做好标记，先拆卸取出中间梳齿板，再取两边
拆卸扶梯上、下机房盖板	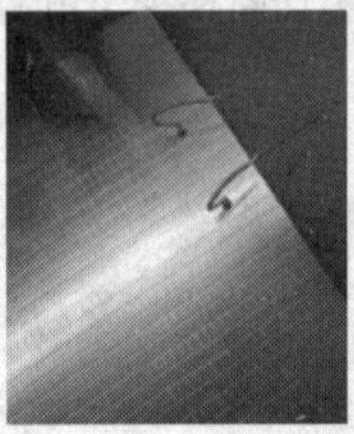 	（1）使用专用工具拆卸，两人配合操作 （2）检查上、下机房盖板和前沿板有无变形、锈蚀（有□，无□）
检查梯级	 	（1）检查梯级表面是否清洁（是□，否□） （2）检查梯级踏板、踢板是否变形，齿槽是否有断裂现象（是□，否□） （3）检查警戒条是否完好（是□，否□）。如果出现异常，则需要更换相关的部件 （4）检查前段踢板与后段梳齿条有无接触（有□，无□） （5）检查梯级水平度是否合格（是□，否□） （6）检查梯级高度是否正常（是□，否□） （7）检查梯级与围裙板之间间隙是否合格（是□，否□）

续表

步骤	过程图片	操作要点及说明
两人配合拆卸梯级	  	（1）用梯级专用扳手松开梯级螺栓，在装卸口将损坏梯级取下。注意要两边同时操作 （2）拆卸梯级固定螺母时，不可用力过猛，不可损坏螺纹、设备 （3）提取梯级时，不要碰坏梯级缺失监测装置 （4）拆卸下来的梯级要摆放整齐，保护好梯级边缘黄色条，不能竖着放
检查梯级滚轮（辅轮）	 	（1）检查梯级辅轮橡胶是否老化，直径、宽度磨损是否超过 1 mm（是□，否□）。若是，则更换新的辅轮 （2）检查梯级辅轮橡胶是否开裂、脱落（是□，否□）。若是，则更换新的辅轮 （3）检查辅轮在转动时，轴承是否顺畅，是否无异常响声（是□，否□）。若否，则需要更换新的辅轮

续表

步骤	过程图片	操作要点及说明
更换梯级滚轮（辅轮）	   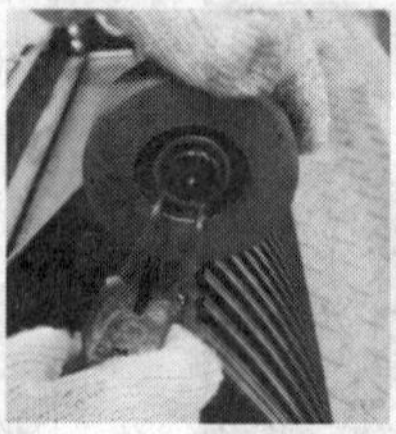	（1）正确使用卡簧钳拆除辅轮固定卡簧 （2）从梯级轴上拆除辅轮，擦去原有的润滑脂，并在梯级轴、辅轮轴孔上涂新的润滑脂 （3）按顺序装上新的辅轮，并安装好卡簧
检查导轨	  	（1）检查梯级运行中有无异响和不适感（有□，无□） （2）检查梯级有无异常振动和蛇行（有□，无□） （3）检查安装螺栓、螺母有无松动（有□，无□） （4）导轨清扫及检查 1）首先用＿＿＿＿＿＿擦除导轨表面的沙尘，再在导轨上喷适量除锈剂，静候几分钟后将导轨擦净 2）检查导轨内表面是否光滑、平整，无异物凸出（是□，否□） 3）检查导轨上有无龟裂（有□，无□） 4）检查导轨行走面上有无磨损（磨损量应小于 1 mm）（有□，无□） 5）检查导轨内表面对接台阶是否小于 0.2 mm，接缝间隙是否小于 0.1 mm（是□，否□）

续表

步骤	过程图片	操作要点及说明
检查梯级链	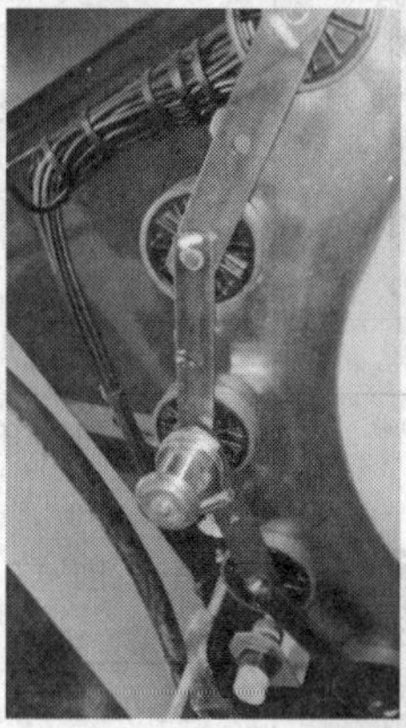	（1）梯级链弹簧设置尺寸为 82 mm，检查左右误差是否在 1 mm 以内（是□，否□） （2）检查空载状态下梯级链轮与导轨最大间隙是否小于 0.2 mm（是□，否□）
安装梯级	 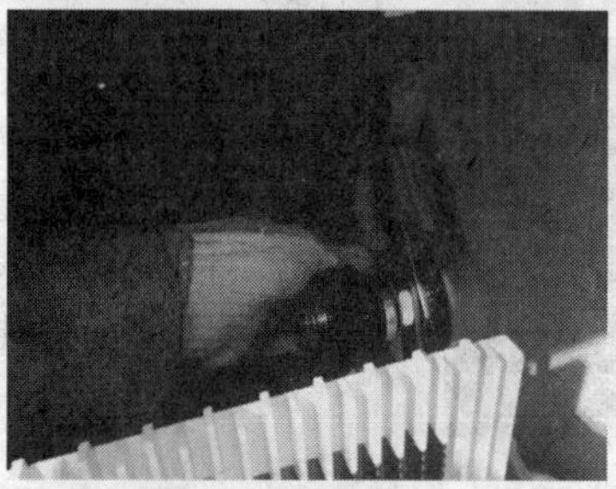  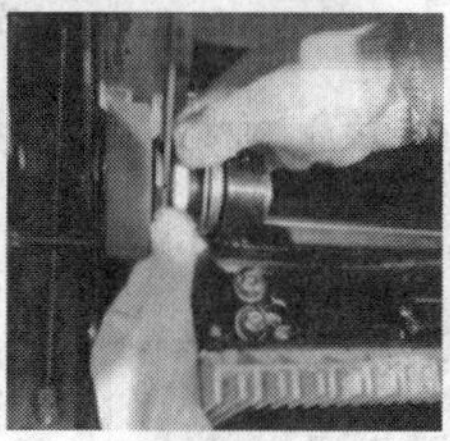	（1）将 C 形卡扣装入主轮销轴后，旋转 90°，以保证 C 形卡扣开口处与主轮销轴平切面对齐 （2）锁紧螺母时，要将螺纹对齐后再拧紧，以免滑牙 （3）用专用扳手锁紧螺母，锁紧力为 130 N · mm （4）螺母锁紧后，弹性防松垫圈不可被完全压平，若已压平则更换新的弹性防松垫圈 （5）锁紧螺母后检查异型卡扣是否在凹槽处，以免锁紧螺母时轴套走位 （6）锁紧螺母后检查轴套挡圈与梯级 C 形卡扣端部有无间隙（有□，无□）

续表

步骤	过程图片	操作要点及说明
盘车检查		将扶梯梯级盘车至如左图所示倾斜段位置，对其进行检查
梯级与围裙板之间间隙检查	 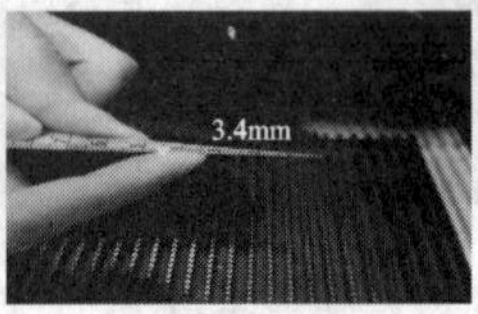	单边间隙不大于 4 mm，两边之和不大于 7 mm 左（前）：________mm；右（前）：________mm；双边（前）：________mm 左（后）：________mm；右（后）：________mm；双边（后）：________mm 实测是否合格（是□，否□）
梯级水平度检查		梯级的水平度不应超过 1%，如果偏差超标，需要检查两列梯级导轨的水平度，或者更换相应的梯级滚轮 宽度方向：__________；运行方向：__________ 实测是否合格（是□，否□）
相邻梯级间隙检查	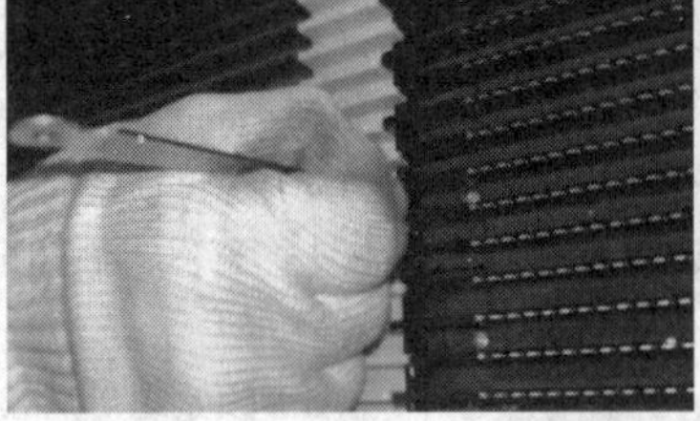	（1）相邻两梯级楞齿左右偏差不应超过 0.8 mm 左：________mm；右：________mm；偏差：________mm 实测是否合格（是□，否□） （2）相邻两梯级齿槽啮合深度不应小于 6 mm，间隙不应超过 4 mm 深度：________mm；间隙：________mm 实测是否合格（是□，否□）
相邻两梯级齿槽检查		相邻两梯级的踢面和踏面应交错开，齿对槽，槽对齿，并且间隙均匀

续表

步骤	过程图片	操作要点及说明
梯级之间的高低差检查	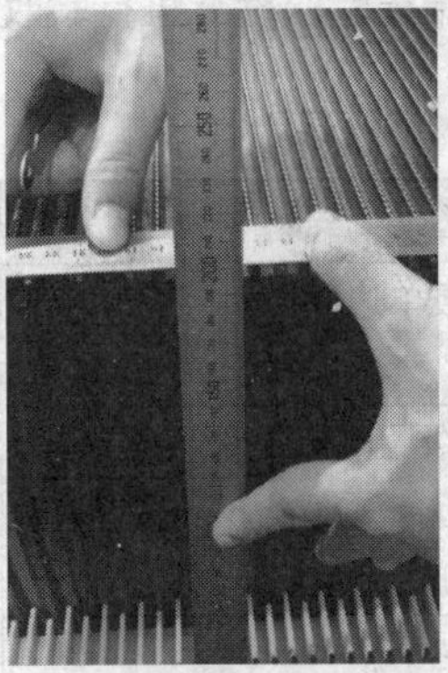	梯级之间的高低差应不大于 1 mm 上：________mm；下：________mm；高低差：________mm 实测是否合格（是□，否□）
梯级与梳齿板间隙检查	 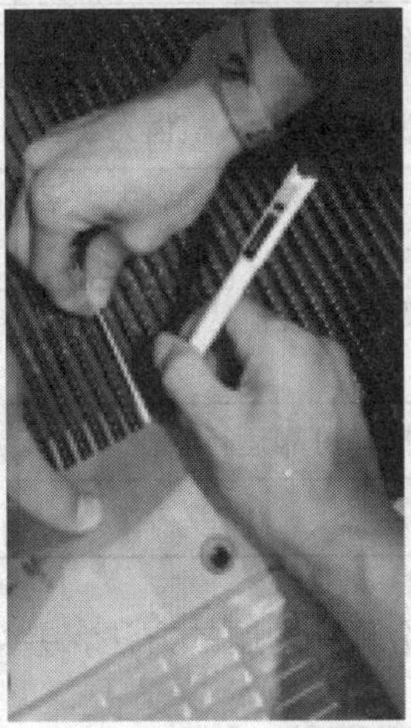	（1）梳齿板的齿设置在梯级梳齿条槽的中央位置上，应无接触和偏移 （2）梳齿与梯级齿槽间隙均匀，运行时无摩擦 （3）梳齿板梳齿与踏面齿槽的啮合深度应为 6 ~ 7 mm。实测深度为________mm 实测是否合格（是□，否□） （4）运行时梳齿板梳齿与踏板左右移动量应不大于 1 mm 左：________mm；右：________mm；偏差：________mm 实测是否合格（是□，否□）
调试运行		（1）接通扶梯电源，慢车运行，梯级运行应平稳、可靠 （2）扶梯快车运行，应无异常振动和噪声
修理说明	当出现梯级下陷故障时，先观察现场，检查梯级及相关部件有无破损、变形，安装参数是否超标，初步判断是否需要更换或调整梯级；然后盘车拆卸对应梯级，检查梯级安装情况，盘车检查导轨外观及变形情况，对故障部分进行调整或更换，逐一排除梯级下陷故障	

三、交付验收

1．按表 2-4-6 所示扶梯梯级下陷故障检修结果验收标准进行验收，将检查结果填入表中。

表 2-4-6　　扶梯梯级下陷故障检修结果验收标准

序号	检查项目	检查标准	检查结果
1	梯级检查	梯级与围裙板单边间隙≤ 4 mm，双边间隙≤ 7 mm	合格□，不合格□
2		相邻两梯级齿槽左右偏差≤ 0.8 mm，齿槽啮合深度≥ 6 mm，齿槽啮合间隙≤ 4 mm	合格□，不合格□
3		梯级水平度≤ 1%	合格□，不合格□
4		相邻两梯级高度差≤ 1 mm	合格□，不合格□
5	导轨检查	导轨内表面应光滑、平整、无油污、无生锈、无龟裂变形	合格□，不合格□
6		导轨行走面磨损量＜ 1 mm	合格□，不合格□
7		导轨接头处缝隙≤ 0.1 mm，台阶≤ 0.2 mm	合格□，不合格□
8		导轨面与梯级链轮的间隙＜ 1 mm	合格□，不合格□
9	梳齿板检查	梳齿板无外观破损变形，梳齿无断齿	合格□，不合格□
10		梳齿板梳齿与梯级梳齿条啮合左右平均，左右偏差≤ 1 mm	合格□，不合格□
11		梳齿板根部与梯级梳齿条间隙为 3 ~ 5 mm	合格□，不合格□
12	运行检查	合上电源，扶梯可靠运行	合格□，不合格□
自检结果			合格□，不合格□

2．记录验收过程中存在的问题，小组讨论解决问题的方法，并填入表 2-4-7 中。

表 2-4-7　　验收过程问题记录表

序号	验收中存在的问题	改进和完善措施	完成时间	备注
1				
2				
3				

续表

序号	验收中存在的问题	改进和完善措施	完成时间	备注
4				
5				

四、整理工作现场

按生产现场管理6S标准，整理工作现场，清除作业垃圾，经指导教师检查合格后方可离开工作现场。

学习活动5　工作总结与评价

学习目标

1. 能按分组情况，派代表展示工作成果，说明本次任务的完成情况，并做分析总结。

2. 能结合任务完成情况，正确规范地撰写工作总结。

3. 能就本次任务中出现的问题提出改进措施。

4. 能对学习与工作进行反思总结，并能与他人开展良好合作，进行有效沟通。

建议学时　2学时

学习过程

一、个人、小组评价

以小组为单位，选择演示文稿、展板、海报、视频等形式中的一种或几种，向全班展示、汇报学习及检修成果。在展示的过程中，以小组为单位进行评价；评价完成后，根据其他小组成员对本组展示成果的评价意见进行归纳总结。

汇报思路设计：

其他小组的评价意见：

二、教师评价

认真听取教师对本小组展示成果优缺点以及在任务完成过程中出现的亮点和不足的评价意见，并做好记录。

1．教师对本小组展示成果优点的点评。

2．教师对本小组展示成果缺点以及改进方法的点评。

3．教师对本小组在整个任务完成过程中出现的亮点和不足的点评。

三、工作过程回顾及总结

1．在团队学习过程中，项目负责人给你分配了哪些工作任务？你是如何完成的？还有哪些需要改进的地方？

2．总结完成扶梯梯级下陷故障检修任务过程中遇到的问题和困难，列举 2 ~ 3 点你认为比较值得和其他同学分享的工作经验。

3．回顾本学习任务的工作过程，对新学专业知识和技能进行归纳和整理，撰写工作总结。

工作总结

评价与分析

按照客观、公正和公平原则，在教师的指导下按自我评价、小组评价和教师评价三种方式对自己或他人在本学习任务中的表现进行综合评价。综合等级按 A（90 ~ 100）、B（75 ~ 89）、C（60 ~ 74）、D（0 ~ 59）四个级别进行填写，见表 2–5–1。

表 2–5–1　学习任务综合评价表

考核项目	评价内容	配分（分）	评价分数		
			自我评价	小组评价	教师评价
职业素养	劳动保护用品穿戴完备，仪容仪表符合工作要求	5			
	安全意识、责任意识强	6			
	积极参加教学活动，按时完成各项学习任务	6			
	团队合作意识强，善于与人交流和沟通	6			
	自觉遵守劳动纪律，尊敬师长，团结同学	6			
	爱护公物，节约材料，管理现场符合 6S 标准	6			
专业能力	专业知识扎实，有较强的自学能力	10			
	操作积极，训练刻苦，具有一定的动手能力	15			
	技能操作规范，注重检修工艺，工作效率高	10			
工作成果	扶梯故障检修符合工艺规范，检修质量高	20			
	工作总结符合要求	10			
总　分		100			
总评	自我评价 ×20%+ 小组评价 ×20%+ 教师评价 ×60%=	综合等级	教师（签名）：		

学习任务三　扶梯扶手带抖动故障检修

学习目标

1. 能读懂故障检修任务书和扶梯维修与保养记录单，与客户等相关人员进行专业沟通，明确检修任务。

2. 能识别扶手装置的结构组成，描述各组成部件的作用、特点及技术标准等。

3. 能进行现场勘查，与小组成员沟通，确定现场是否符合检修条件。

4. 能制订扶梯扶手带抖动故障的检修计划和方案，并进行方案优化。

5. 能根据安全操作规程和检修规范，正确使用工量具和防护用品。

6. 能检查、清洁、润滑、调整扶手带驱动装置、张紧装置等。

7. 能完成扶梯扶手带抖动故障的排除。

8. 能按行业标准对故障检修结果进行自检，确保扶梯可以安全可靠运行，并交付项目主管验收。

9. 能完成扶梯扶手带抖动故障检修的工作总结与评价。

10. 检修过程中能严格执行各项安全生产制度、环保制度及生产现场管理 6S 标准。

建议学时

40 学时

工作情境描述

某大厦的扶梯扶手带抖动，客户向维修企业客服报修后，客服将问题反映给维保部经理，维保部经理将任务分配给维修人员，要求在 8 h 内完成扶梯扶手带抖动故障的检修工作，使扶梯正常运行，完成后交付验收。

工作流程与活动

学习活动 1　明确检修任务（6 学时）

学习活动 2　检修前的准备（18 学时）

学习活动 3　制订检修计划（2 学时）

学习活动 4　检修实施（12 学时）

学习活动 5　工作总结与评价（2 学时）

学习活动 1　明确检修任务

学习目标

1. 能通过识读扶梯扶手带抖动故障检修任务书，明确检修任务。

2. 能识读扶梯维修与保养记录单，获取扶梯维修与保养情况。

3. 能识别扶手装置的结构组成，描述扶手装置中各部件使用的技术标准。

建议学时　6 学时

学习过程

一、明确扶梯扶手带抖动故障检修任务

1．领取扶梯扶手带抖动故障检修任务书

扶梯维修人员从维保部经理处领取扶梯扶手带抖动故障检修任务书（见表 3–1–1），到达现场与客户方的扶梯安全员进行沟通，获取扶梯型号、参数、电路图纸，阅读相应的安全操作规范，完善扶梯故障现象记录，了解本次工作的基本内容。

表 3–1–1　扶梯扶手带抖动故障检修任务书

故障日期		报修人及联系电话	
报修时间		接报人	
地址			

续表

到达时间		完成时间	
故障现象			
故障原因			
处理结果			
客户意见	客户签名：　　　　日期：		
备注			
维保部经理		维修作业人员	

注：“故障原因”“处理结果”和“客户意见”栏等需在完成后续相应学习活动后填写。

2．识读扶梯维修与保养记录单

从客户处获取所维修扶梯的维修与保养记录单，了解扶梯的维修及定期保养情况，并记录在表 3–1–2 中。

表 3–1–2　　　　扶梯的维修及定期保养情况

序号	项目	相关信息
1	使用单位	
2	维修与保养单位	
3	扶梯编号及型号	

续表

序号	项目	相关信息
4	扶梯保养项目	
5	扶梯维修项目	

二、认识扶梯扶手装置

自动扶梯和自动人行道两侧均应装设扶手装置。试根据扶梯维修与保养要点，查阅扶梯维修与保养手册和《自动扶梯和自动人行道的制造与安装安全规范》(GB 16899—2011)，查看实训扶梯外观，了解扶梯扶手装置的结构和各组成部件的作用等，记录在表 3–1–3 中，为后期开展扶梯维修与保养提供技术与现场数据支持。

表 3–1–3　扶梯扶手装置结构认识表

1. 简述扶梯扶手装置的定义。
2. 简述扶梯扶手装置的基本结构组成及其作用。

续表

3．根据图示分别写出扶梯扶手带驱动装置的结构组成。

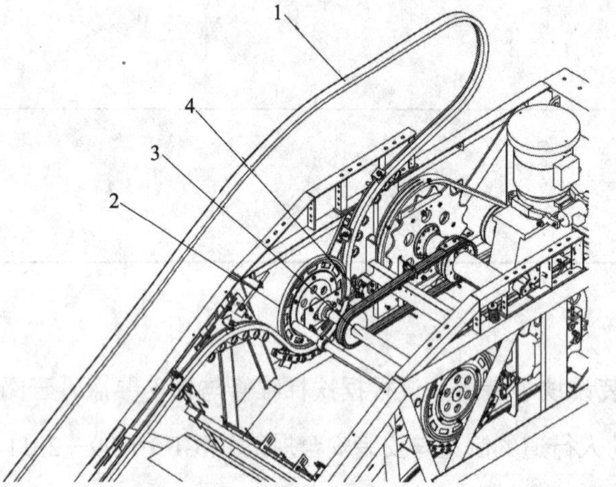

1		3	
2		4	

4．根据图示分别写出扶梯扶手带驱动链的结构组成。

1		5	
2		6	
3		7	
4			

5．根据图示分别写出扶梯扶手带张紧装置的结构组成。

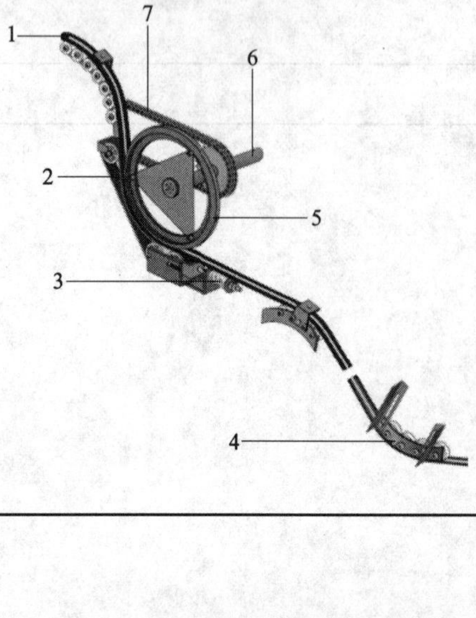

1		5	
2		6	
3		7	
4			

续表

6. 简述扶手护壁板（扶手支架）的结构特点及作用。

7. 写出下列各部件使用的技术标准。

名称	图示	技术标准
钢化玻璃		
不锈钢板		
扶手导轨	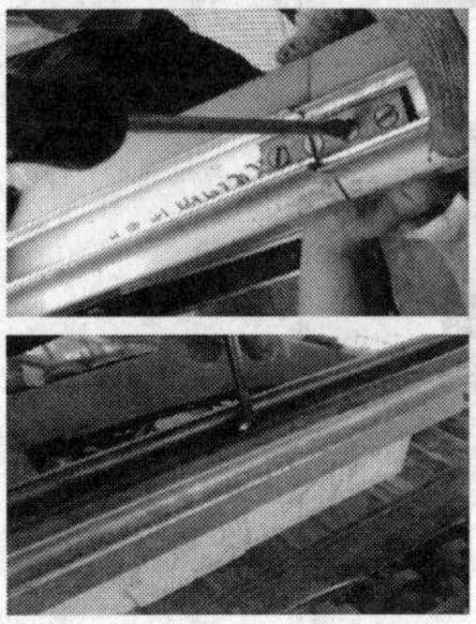	

续表

名称	图示	技术标准
内盖板	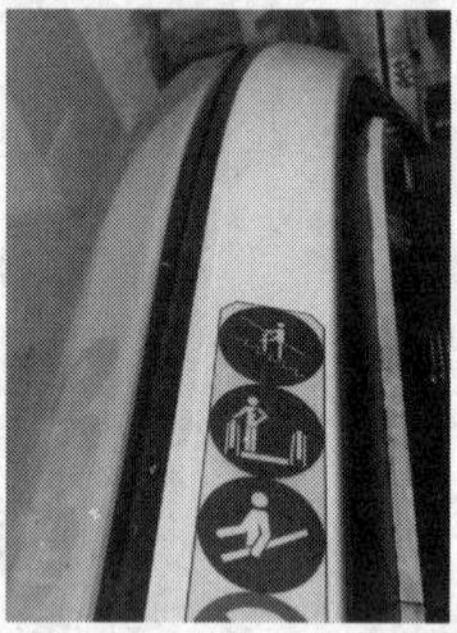	
外盖板		
张紧轮	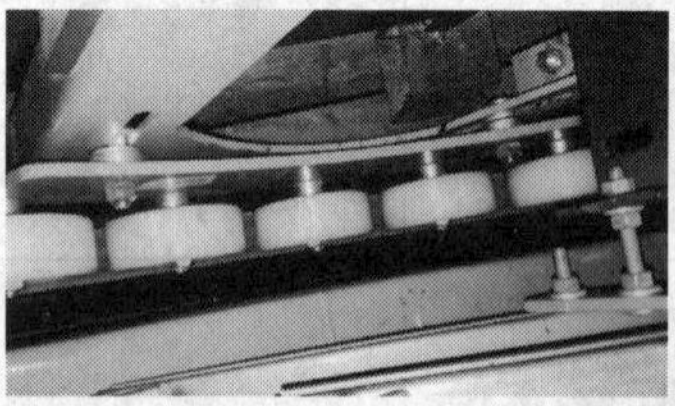	
调节支架	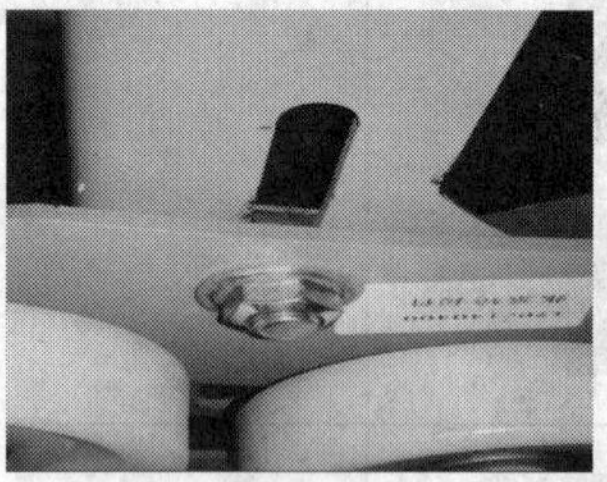	
扶手带	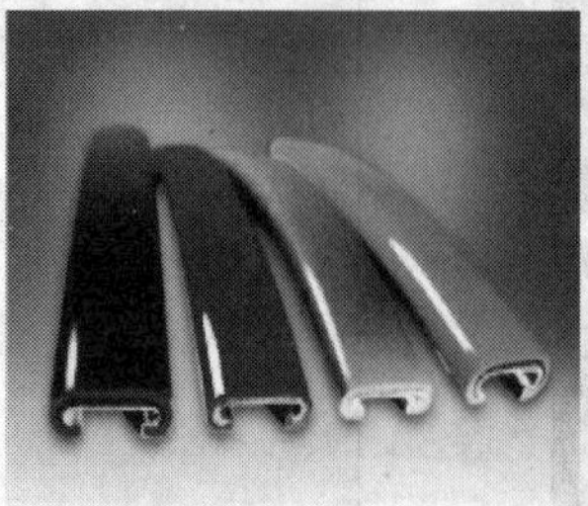	

续表

8. 根据图示写出扶梯扶手带各部分尺寸的名称。

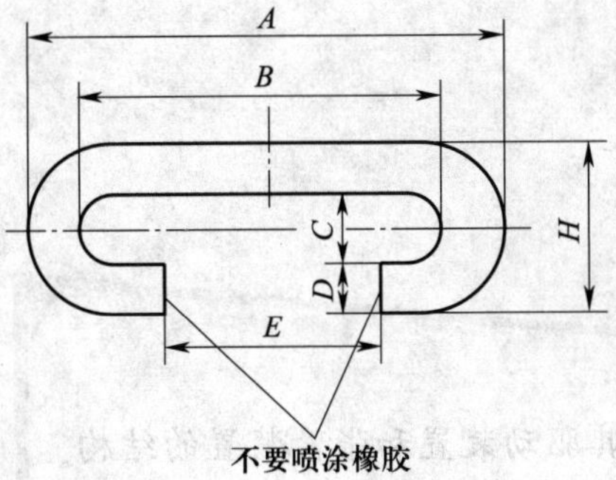

A:	D:
B:	E:
C:	H:

学习活动 2 检修前的准备

学习目标

1. 能描述扶梯扶手带及其驱动装置和张紧装置的结构和特点。

2. 能进行现场勘查，与小组成员沟通，填写扶梯扶手带抖动故障检修沟通信息表。

建议学时 18 学时

学习过程

一、认识扶梯扶手带

查阅资料，了解扶梯扶手带的结构、种类、型号、运行速度要求及安装要求等，完成表 3-2-1 的填写。

表 3-2-1 扶梯扶手带认识表

1. 根据图示写出扶手带各组成部分的名称及主要尺寸的含义。

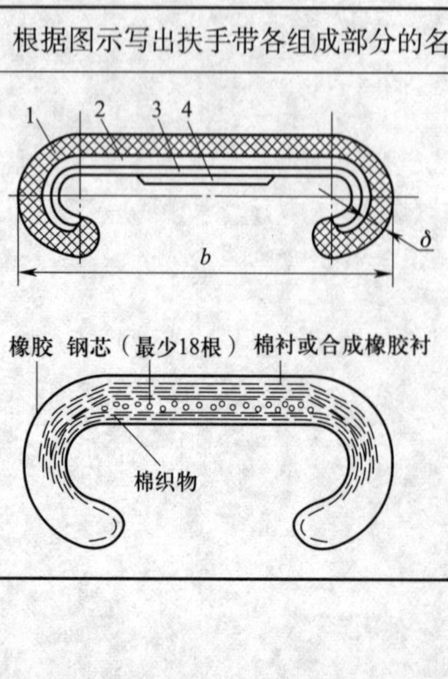	1		4	
	2		b	
	3		δ	

续表

2．扶手带按照内部衬垫不同，可分为多层织物衬垫扶手胶带、织物夹钢带扶手胶带、织物夹钢丝绳扶手胶带，其分别有何特点？

3．扶手带型号说明。

查阅相关资料，结合右侧提示解释扶手带型号 HCX-WN6 94Y 21.25M 234-1 KY 的含义。

HCX-WN6：________________

94Y：________________

21.25M：________________

234-1：________________

KY：________________

提示：

（1）扶手带型号印刷在第一层帆布的扶手带连接位置上

（2）制造年份是公历年份的后两位数

（3）制造月份为 1 ~ 9、10（X）、11（Y）和 12（Z）

（4）型号标注说明：

装饰胶	H
外观形状	CX
芯材	WN
层数	6

4．扶手带运行速度要求。

每个扶手装置的顶部应装有运行的扶手带，扶手带装置可以看作是装设在扶梯梯路两侧的具有特殊结构形式的胶带输送机，其运行方向应与梯级、踏板或胶带相同。在正常运行条件下，扶手带的运行速度相对于梯级、踏板或胶带实际速度的允许误差为________。在自动扶梯和自动人行道运行时，当扶手带速度偏离梯级、踏板或胶带实际速度大于________且持续时间大于________时，该装置应使自动扶梯或自动人行道停止运行

5．简述扶手带的安装要求。

二、认识扶手带驱动装置

目前常用的扶手带驱动装置有摩擦轮驱动、压滚轮驱动和端部轮式驱动三种形式，查阅相关资料，了解这三种驱动装置的结构组成和特点，以及驱动装置的拆卸、调整方法和注意事项，并记录在表 3-2-2 中。

表 3-2-2　　扶手带驱动装置认识表

1. 根据图示写出摩擦轮驱动装置的结构组成及特点。	
（1）结构组成： 1— 2— 3— 4— 5— （2）特点：	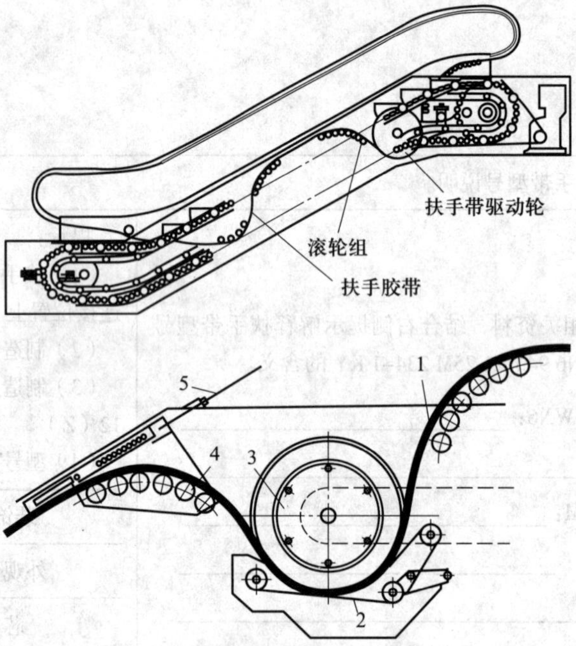 摩擦轮驱动装置
2. 根据图示写出压滚轮驱动装置的结构组成及特点。	
（1）结构组成： 1— 2— 3— 4— 5— 6— 7— 8— （2）特点：	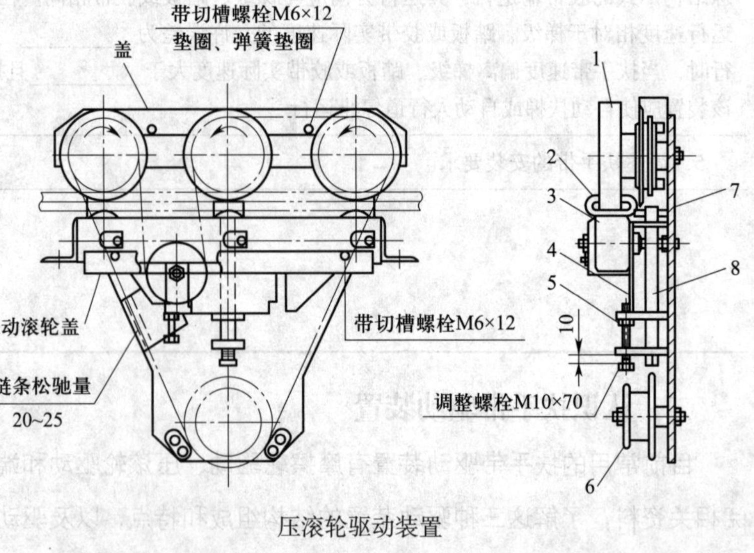 压滚轮驱动装置

续表

3. 根据图示写出端部轮式驱动装置的结构组成及特点。	
（1）结构组成： 1— 2— 3— （2）特点：	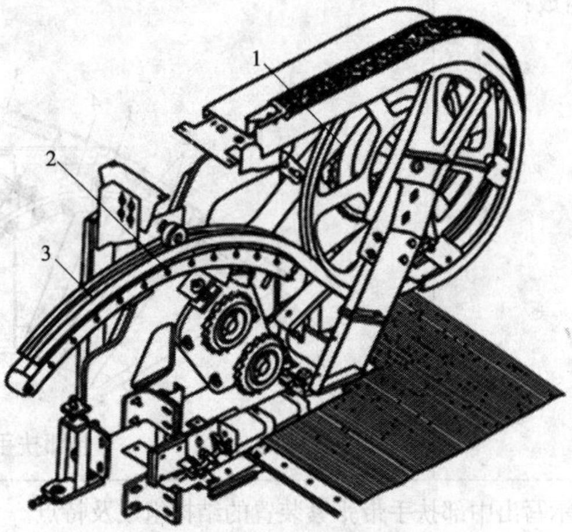 端部轮式驱动装置
4. 拆卸扶手带驱动链条时应注意什么？如何调整扶手带驱动链条和驱动轮？	

三、认识扶手带张紧装置

扶手带张紧装置是确保扶手带正常运行的部件，用于消除因制造和环境变化而产生的长度误差，分上部扶手带张紧装置、中部扶手带张紧装置、下部扶手带张紧装置。查阅相关资料，了解各张紧装置的结构组成和特点，以及扶手带张紧度的判断标准和调整方法，测绘扶手带张紧装置，并记录在表 3–2–3 中。

表 3-2-3　　扶手带张紧装置认识表

1. 根据图示写出上部扶手带张紧装置的结构组成及特点。	
（1）结构组成： 1— 2— 3— 4— 5— 6— （2）特点：	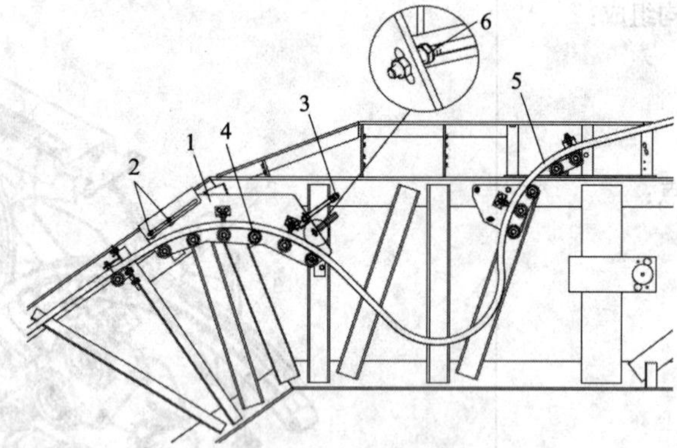 上部扶手带张紧装置
2. 根据图示写出中部扶手带张紧装置的结构组成及特点。	
（1）结构组成： 1— 2— 3— 4— （2）特点：	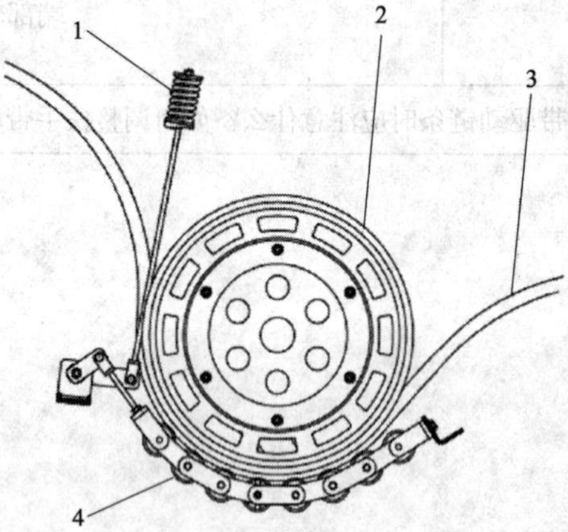 中部扶手带张紧装置
3. 根据图示写出下部扶手带张紧装置的结构组成及特点。	
（1）结构组成： 1— 2— 3— 4— （2）特点：	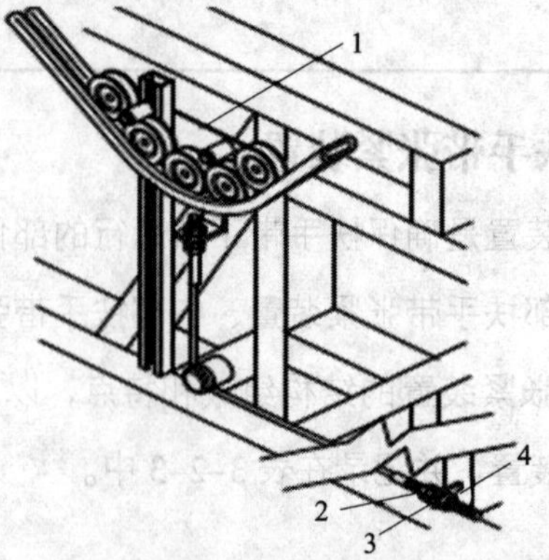 下部扶手带张紧装置

续表

4. 简述扶梯扶手带张紧度的判断标准及调整方法。

5. 测绘扶梯扶手带张紧装置。

名称	图样
张紧轮三视图	

续表

名称	图样
张紧装置支架三视图	
张紧装置装配图	

四、现场勘查，填写扶梯扶手带抖动故障检修沟通信息表

进行现场勘查，根据扶梯扶手带抖动故障检修任务书及扶梯维修与保养记录单，明确故障现象，对扶梯故障原因进行分析与初步判断，确定现场是否符合检修条件，与扶梯使用单位管理人员进行沟通，明确工作时间及调试要求等，填写扶梯扶手带抖动故障检修沟通信息表，见表 3–2–4。

表 3-2-4　　扶梯扶手带抖动故障检修沟通信息表

NO.

报修单位：	年　月　日

1．扶梯基本情况

扶梯型号		使用编号	
制造单位		安装单位	
制造日期		投运时间	
提升高度	______m	额定速度	______m/s
梯级宽度	______mm	使用地点	

2．检修作业人员

姓名		证件号		到达时间		离场时间	
姓名		证件号		到达时间		离场时间	
姓名		证件号		到达时间		离场时间	

3．工作内容

序号	检修项目	序号	检修项目
1		9	
2		10	
3		11	
4		12	
5		13	
6		14	
7		15	
8		16	
故障现象确定（报修内容）		拟处理方式	

续表

<table>
<tr><td>故障排除记录</td><td colspan="3"></td></tr>
<tr><td rowspan="6">换件情况</td><td>零件名称（型号）</td><td>零件具体位置</td><td>备注</td></tr>
<tr><td></td><td></td><td></td></tr>
<tr><td></td><td></td><td></td></tr>
<tr><td></td><td></td><td></td></tr>
<tr><td></td><td></td><td></td></tr>
<tr><td></td><td></td><td></td></tr>
<tr><td colspan="3">备注（客户意见）：</td><td>客户签名：</td></tr>
</table>

注：“故障排除记录”和“换件情况”栏等需在完成后续相应学习活动后填写。

学习活动 3　制订检修计划

学习目标

1. 能明确扶梯扶手带抖动故障的检修流程。

2. 能分析扶梯扶手带抖动故障的原因，制订扶梯扶手带抖动故障的检修计划和方案，并进行方案优化。

建议学时　2 学时

学习过程

一、确定检修流程

1．查阅相关资料，了解扶梯扶手带抖动故障的常见原因及处理方法。

2．扶梯扶手带抖动故障的检修步骤包括现场检查，设置安全警示牌，检查施工条件，准备工具和材料，检查扶手装置及相关部件外观、参数、异响，拆卸内、外盖板（梯级/围裙板），检查调整张紧装置、驱动装置、扶手带、扶手导向装置，复位扶手装置等，试按正确的顺序将图 3–3–1 所示扶梯扶手带抖动故障的检修流程补充完整，并简述检修注意事项。

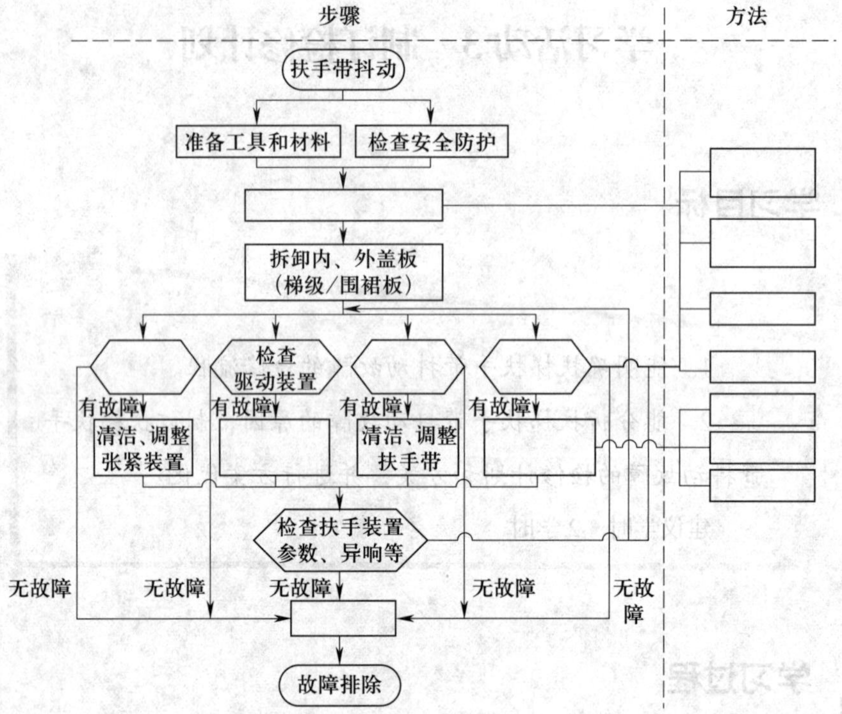

图 3–3–1 扶梯扶手带抖动故障的检修流程

注意事项：

二、制订工作计划

1．根据扶梯扶手带抖动故障的检修要求，制订工作计划，填写在表 3–3–1 中。

表 3–3–1　　工作计划表

1．扶梯型号	
2．所需的工具、设备、资料	
3．故障现象可能原因	（1）
	（2）
	（3）
	（4）
	（5）
	（6）
	（7）
4．故障检修流程	

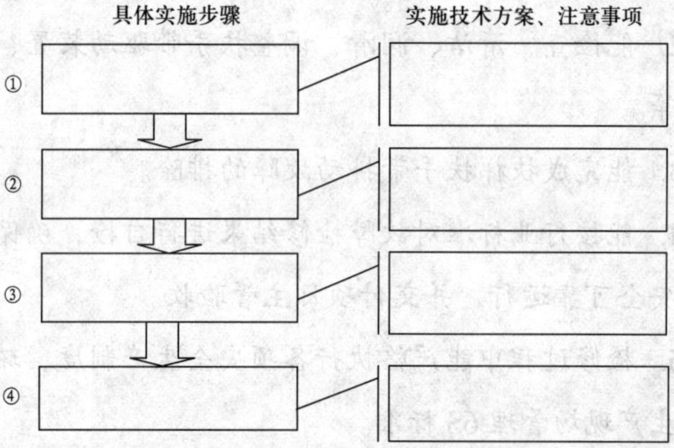

5．人员分工

序号	工作内容	负责人	计划完成时间	质量检验人
1				
2				
3				
4				
5				

2．制订工作计划之后，需要对计划内容、实施的检修方案进行可行性研究，并对实施地点、准备工作、过程及方案等细节进行探讨分析，以保证后续检修实施的安全可靠执行。试以小组为单位就以上问题进行讨论，并根据讨论结果完善工作计划，记录主要修改内容。

学习活动4 检 修 实 施

学习目标

1. 能根据安全操作规程和检修规范，熟练使用测速表等扶梯故障维修常用工量具。

2. 能检查、清洁、润滑、调整扶手带驱动装置、张紧装置等。

3. 能完成扶梯扶手带抖动故障的排除。

4. 能按行业标准对故障检修结果进行自检，确保扶梯可以安全可靠运行，并交付项目主管验收。

5. 检修过程中能严格执行各项安全生产制度、环保制度及生产现场管理6S标准。

建议学时 12学时

学习过程

一、物料准备

根据扶梯扶手带抖动故障检修流程的要求，在组长的带领下，就物料名称、数量和规格等进行核对，填写扶梯扶手带抖动故障检修物料单（见表3-4-1），为物料领取提供凭证。

表 3-4-1　扶梯扶手带抖动故障检修物料单

检修人员						时间	
使用单位						地址	
领用时间						归还时间	
序号	物料名称	数量	单位	规格	领用时间	归还时间	归还检查
1	内六角扳手						完好□，损坏□
2	十字旋具						完好□，损坏□
3	开口扳手						完好□，损坏□
4	梅花扳手						完好□，损坏□
5	卡簧钳（外）						完好□，损坏□
6	水平尺						完好□，损坏□
7	钢直尺						完好□，损坏□
8	游标卡尺						完好□，损坏□
9	斜塞尺						完好□，损坏□
10	红丹粉						完好□，损坏□
11	尖嘴钳						完好□，损坏□
12	除锈剂						完好□，损坏□
13	砂纸						完好□，损坏□
14	润滑脂						完好□，损坏□
15	木锤						完好□，损坏□
16	胶锤						完好□，损坏□
17	测速表						完好□，损坏□
18	测温计						完好□，损坏□

二、扶梯扶手带抖动故障检修

1. 张紧装置的检查与调整

按照表 3-4-2 所列项目及操作要点，完成张紧装置的检查与调整，并做好记录。

表 3-4-2　　张紧装置的检查与调整记录表

项目	过程图片	操作要点及说明
检查扶手带张紧装置	 	（1）检查张紧装置的安装状态是否良好（是□，否□），安装螺栓有无松动（有□，无□） （2）检查运行中张紧装置与扶手带有无摩擦声、异响声（有□，无□） （3）检查张紧装置内侧和扶手带帆布里有无异物混入（有□，无□） （4）检查扶手带张紧轮表面有无磨损、开裂及变形等异常情况（有□，无□） （5）张紧轮的初始外径为 130 mm，当磨损量大于 1 mm 时应更换。经测，张紧轮的外径分别为＿＿＿＿、＿＿＿＿、＿＿＿＿、＿＿＿＿、＿＿＿＿mm
调整扶手带张紧装置	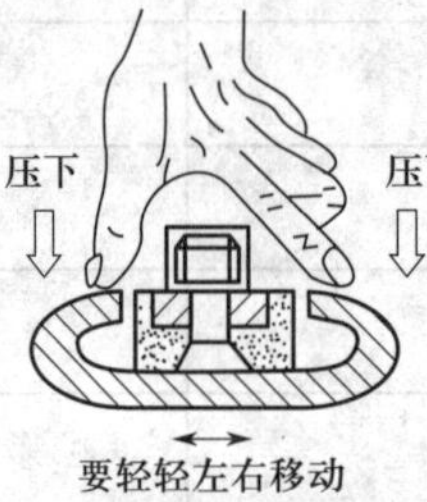 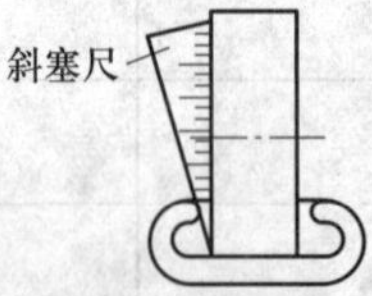	（1）扶手带上行停止，用大拇指和食指轻轻按压扶手带并轻轻左右移动 （2）返回侧扶手带不能碰到扶手带入口胶及扶手带入口保护开关支架 （3）扶手带不可拉得过紧，否则会造成扶手带运行不良 （4）扶手带驱动轮与扶手带内缘必须有 0.5 ~ 3 mm 的间隙。经测，间隙为＿＿＿＿mm
检查扶手带导向装置		（1）扶手带与尼龙导承之间左右松动余量应均等；导承倾斜安装时，应进行调整 （2）导向轮转向应灵活 （3）导向轮表面应无污秽，要定期清扫
修理说明	当扶梯出现扶手带抖动故障时，需检查扶手带张紧装置。扶手带张紧力过大或过小、张紧轮位置偏离或异常均会引起扶手带运行不正常，因此要按以上标准更换或调整张紧装置至合适位置	

2．扶手带的检查与保养

按照表 3-4-3 所列项目及操作要点，完成扶手带的检查与保养，并做好记录。

表 3-4-3　　扶手带的检查与保养记录表

项目	过程图片	操作要点及说明
检查扶手带	 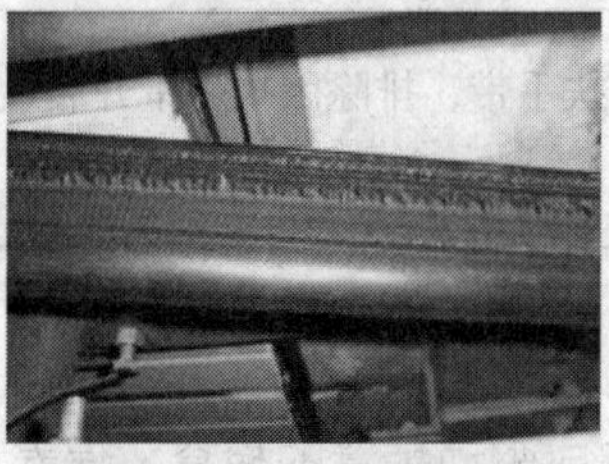 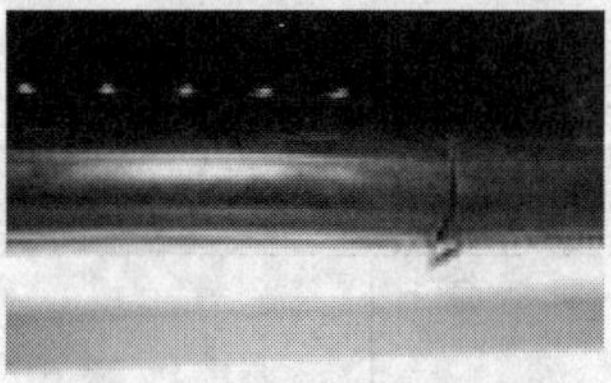 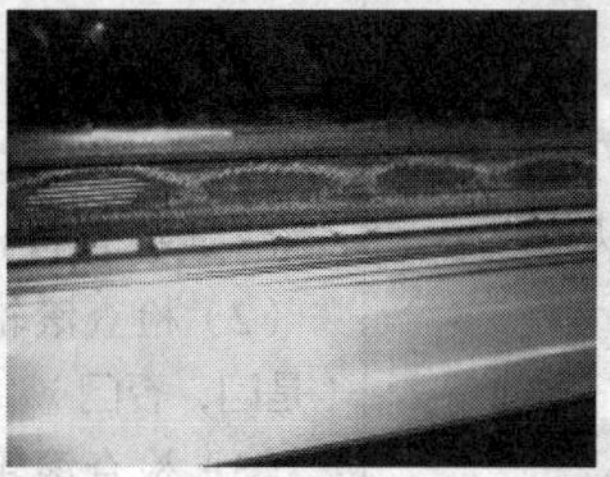	（1）检查扶手带表面以及其里面或耳侧面上有无________和严重的________ （2）扶手带耳部宽度的扩大应在________mm 以内［新扶手带耳部宽度为（40±1）mm］ （3）扶梯运行时，即使用手拉，扶手带也________ （4）扶手带开口侧面与导轨或扶手支架侧面的间隙均不得超过________mm （5）扶梯运行________min，停梯后用数字式测温计测量扶手带表面的温度，其值比环境温度高________以内为合格。当温度超过环境温度时，应________，并进行________、________的调整作业 （6）检查端部出入口开关的安装状态及动作是否良好（是□，否□） （7）扶手带运行中有异常声音的检查 1）按压导靴部有无异常声音（有□，无□） 2）扶手带导轨和框架有无摩擦的声音（有□，无□） 3）扶手带驱动装置的链轮的中心是否在同一平面上（是□，否□） （8）扶手带运行中有窜动的检查 1）扶手带驱动链的松弛量是否不在标准内，链轮是否破损（是□，否□） 2）扶手带驱动链与链轮是否啮合不良（是□，否□） 3）扶手带帆布部分是否有异常磨损（是□，否□） （9）扶手带运行中速度变慢的检查 1）扶手带驱动装置的调整螺栓是否安装不良（是□，否□） 2）扶手带驱动装置的活动部分在导向销上的上下移动是否灵活（是□，否□） 3）扶手带按压导承的按压力是否太大（是□，否□） 4）扶手带导靴分中是否不恰当，扶手带与扶手带导靴以及扶手带框架之间是否无松动余量（是□，否□）。若是，则会使运行阻力增加

续表

项目	过程图片	操作要点及说明
清洁扶手带	 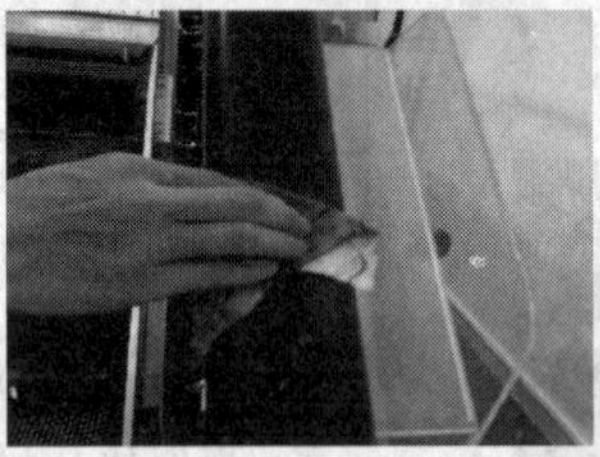	（1）使扶梯停止运行，用干布擦掉扶手带表面杂物 （2）用蘸有专用扶手带清洁剂的抹布擦拭 （3）扶手带表面风干后，要用光亮剂擦亮（未风干时，不得运行扶梯）
修理说明	检查扶手外观，调整或更换扶手带，排除因扶手带开裂、变形等引起的扶手带抖动故障问题	

3．驱动装置的检查、调整与保养

按照表 3–4–4 所列项目及操作要点，完成驱动装置的检查、保养与调整，并做好记录。

表 3–4–4　　驱动装置的检查、保养与调整记录表

项目	过程图片	操作要点及说明
检查扶手带驱动轮	 	（1）在导承和导向销上加入机油（N68 或美孚 1130） （2）检查滚轮和链轮是否灵活旋转（是□，否□） （3）检查滚轮和链轮表面有无异常磨损、橡胶割裂、剥离等现象（有□，无□） （4）用游标卡尺测量磨损量，当＿＿＿＿＿＿＿＿时，应更换

续表

<table>
<tr><th>项目</th><th>过程图片</th><th>操作要点及说明</th></tr>
<tr><td>清洁、润滑扶手带驱动链</td><td></td><td>（1）检查链条有无生锈（有□，无□）
（2）扶手带驱动链加油嘴在扶手带驱动链上方 3 ~ 5 mm，检查扶手带驱动链润滑是否良好（是□，否□）</td></tr>
<tr><td>调整扶手带驱动装置</td><td>
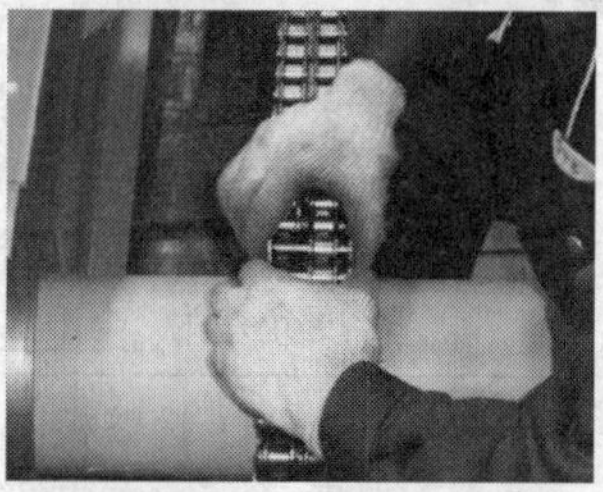</td><td>（1）调整前，检查是否在两轴承旁做好记号（是□，否□）
（2）调整后，确保调整后两链轮的中心线在一条线上（对中）</td></tr>
<tr><td>调整扶手带驱动链</td><td>
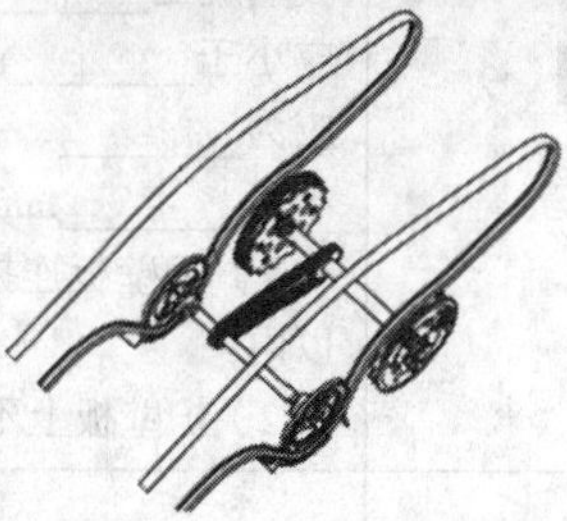</td><td>扶手带驱动链的松弛量应在规定值范围内：<table><tr><th>部件</th><th>规定值</th><th>使用界限值</th></tr><tr><td>驱动链</td><td></td><td></td></tr><tr><td>张紧链</td><td></td><td></td></tr><tr><td>主链</td><td></td><td></td></tr></table></td></tr>
<tr><td>修理说明</td><td colspan="2">扶手带驱动力的大小对扶手带驱动部件的使用寿命影响很大，过大的驱动力将使大摩擦轮和扶手带磨损加快，过小的驱动力又会使扶梯不能正常运行。当扶手带出现抖动故障时，需检查扶手带驱动链、轮是否过度磨损、移位、张紧力不足等，调整扶手带驱动轴顶杆螺栓或更换相关过度磨损部件</td></tr>
</table>

4．扶手装置其他部件的检查与调整

按照表 3-4-5 所列项目及操作要点，完成扶手装置其他部件的检查与调整，并做好记录。

表 3-4-5　　扶手装置其他部件的检查与调整记录表

项目	过程图片	操作要点及说明
梯级与扶手带同步测定试验	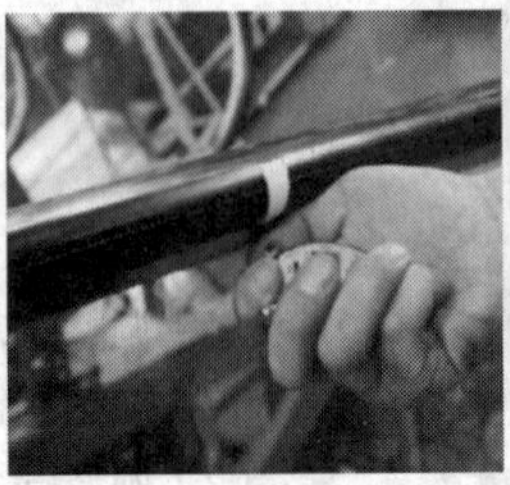	（1）测量扶手带的速度：用手将测速表沿滚动方向直接放在扶手带表面，并用力下压，使其接触扶手带，以正常状态开动扶梯，观察测速表数据，稳定后，记录好显示的数据（v_1=________） （2）测量梯级的速度：停止扶梯，关闭电源，拆出最边上一块梳齿板，用手将测速表的滚轮沿滚动方向直接放在梯级梳齿条上，以正常状态开动扶梯，观察测速表数据，稳定后，记录好显示的数据（v_2=________）。停止扶梯，关闭电源，装回梳齿板 （3）比较扶手带与梯级的速度，应符合 GB 16899—2011 的规定：扶手带的运行速度相对于梯级、踏板或胶带的速度允差为________
检查护壁板		（1）护壁板一般采用__________或者______，护壁板之间的间隙不应大于______mm，其边缘呈______或______ （2）在护壁板表面任何部位，垂直施加一个________N 的力作用于________cm^2 的面积上，不应出现大于________mm 的缝隙或________ （3）如果采用玻璃做护壁板，该种玻璃应是________。单层玻璃的厚度不应小于________mm；采用多层玻璃时，应为________，并且至少一层的厚度不小于________mm 1）护壁板连接处高低差应在____mm 以内 2）护壁板上不应有龟裂及损伤
检查照明		检查照明灯有无闪烁和不亮（有□，无□）

续表

项目	过程图片	操作要点及说明
检查围裙板	 	（1）扶梯的围裙板设置在梯级、踏板或胶带的两侧，任何一侧的水平间隙不应小于 4 mm，在两侧对称位置处测得的间隙总和不应大于 7 mm。检查梯级与围裙板的间隙是否恰当（是□，否□） （2）检查围裙板是否坚固、平滑且为对接缝（是□，否□）。围裙板的连接处不应重叠，间隙应为 0.5 mm 左右
检查内、外盖板		（1）检查护壁板边沿与内盖板之间是否有间隙（是□，否□） （2）检查内盖板安装螺钉有无松动（有□，无□） （3）检查内盖板连接处有无台阶和间隙（有□，无□），偏差应不超过 0.5 mm
检查扶手带与入口	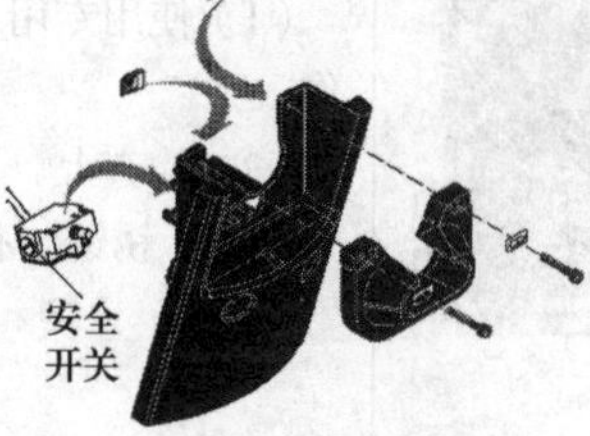 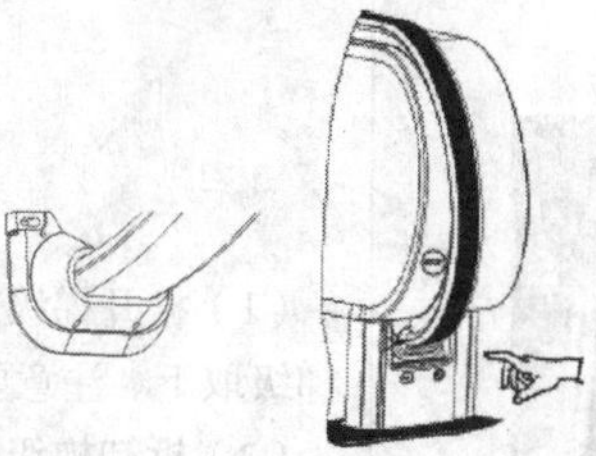	（1）检查扶手带导向嵌入装置，使其与扶手带间隙均匀，不能使扶手带与之接触 （2）检查扶手带与入口保护开关固定板件之间的距离，不应小于 3 mm
修理说明	当扶手带出现抖动故障时，需检查围裙板、扶手带入口、护壁板等，清理、调整或更换不合格零部件	

5．扶手带抖动故障排除

按照表 3-4-6 所列步骤及操作要点，完成扶手带抖动故障的排除，并做好记录。

表 3-4-6　　扶手带抖动故障排除记录表

步骤	过程图片	操作要点及说明
做好防护工作，切断扶梯主电源		（1）确认扶梯上无人 （2）做好作业区防护工作（扶梯上、下出入口处） （3）切断扶梯主电源
锁紧扶梯制动器	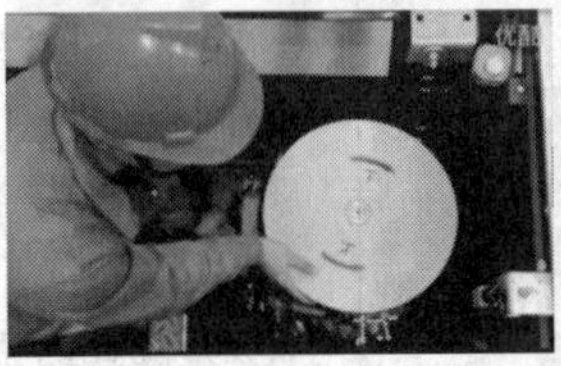	锁紧扶梯制动器，确保扶梯梯级不发生任何移动
拆下扶梯下机房盖板	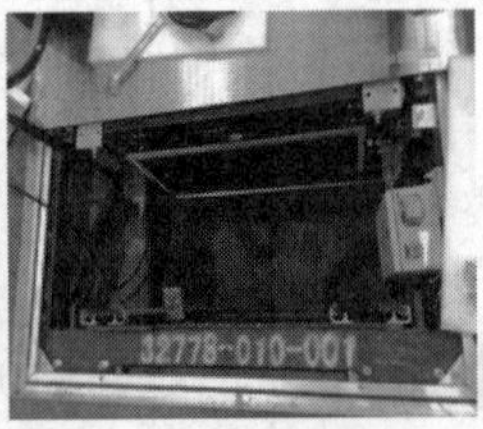	（1）使用专用工具拆卸，两人配合操作 （2）检查上、下机房盖板、前沿板有无变形、锈蚀（有□，无□）
两人配合操作拆卸梯级		（1）松开梯级螺栓，在装卸口将损坏梯级取下。注意要两边同时操作 （2）拆卸梯级固定螺母时，不可用力过猛，不可损坏螺纹、设备 （3）拆卸下来的梯级要摆放整齐，保护好梯级边缘黄色条，不能竖着放

续表

步骤	过程图片	操作要点及说明
拆除扶手带内、外盖板	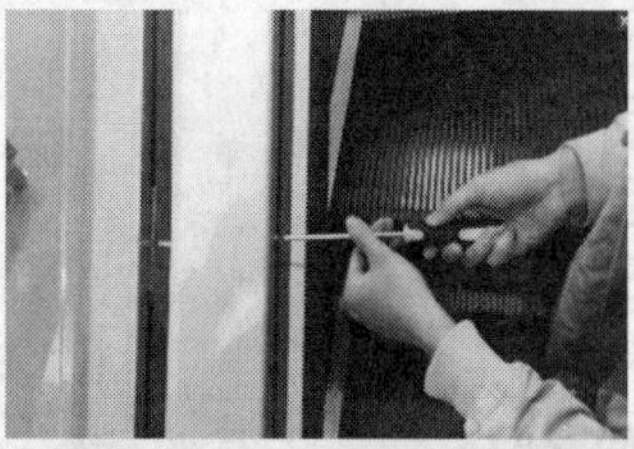 	（1）用十字旋具拆卸内盖板上安装螺钉，将内盖板小心提起并向后拉出嵌条，如要拆卸其他盖板可左右移至围裙板缺口处拉出。拆下来的各种盖板应放置在洁净、平整的台面上 （2）内、外盖板一般用不锈钢材料制成，边角比较锋利，在拆卸的过程中应做好周边防护措施，远离乘客和无关人员。拆卸内、外盖板后，抬起高度应不超过地面 50 mm
清洁、润滑、调整扶手带驱动链		（1）清扫扶手带驱动链上的沙石及灰尘，清洁后做好充分润滑 （2）检查扶手带驱动链的松紧度是否合适（是□，否□）。检查方法：用 25 N 的力作用于扶手带驱动链，扶手带驱动链位移偏差应不超过 5 mm
调整扶手带与滚轮	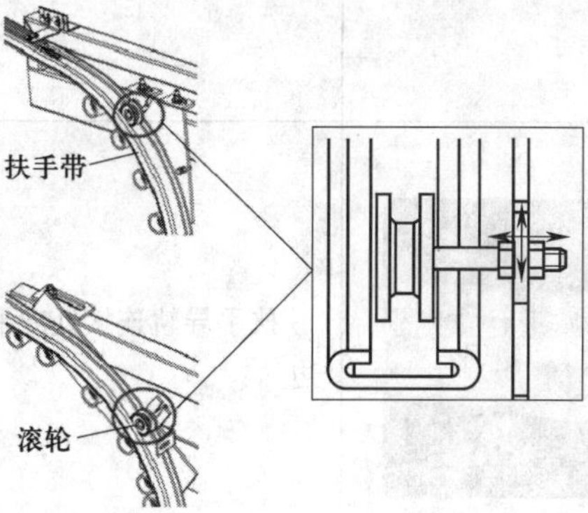	（1）左右和上下移动滚轮，使扶手带内唇两侧面与滚轮之间间隙不小于 0.5 mm （2）确保滚轮与扶手带内唇表面之间间隙为 0.5 ~ 2 mm

续表

<table>
<tr><th>步骤</th><th>过程图片</th><th>操作要点及说明</th></tr>
<tr><td>调整扶手带与大摩擦轮</td><td>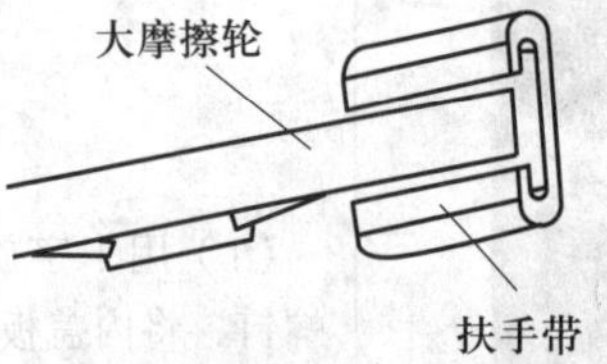

</td><td>（1）运行扶梯，观察扶手带和大摩擦轮的位置，扶手带唇口和大摩擦轮之间间隙应不小于 2 mm
（2）扶梯上行时，扶手带唇口和大摩擦轮之间间隙大于 2 mm，则拧松固定上滚轮群的锁紧螺母，向跑偏相反方向移动上滚轮群，使滚轮平行于扶手带，调节后拧紧锁紧螺母
（3）扶梯下行时，调节方向相反</td></tr>
<tr><td>调节扶手带驱动力</td><td>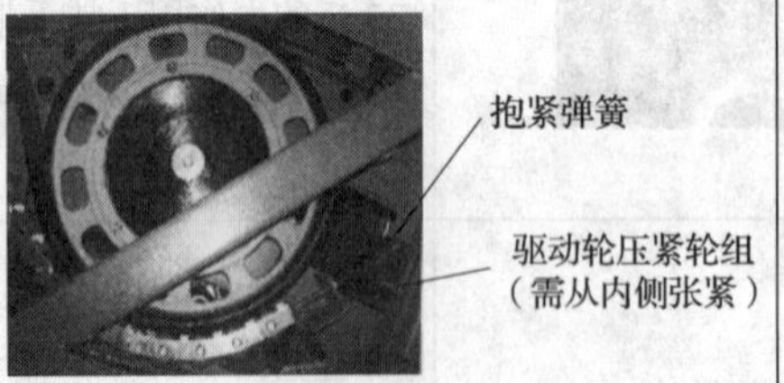
</td><td>调节抱紧弹簧长度（L），检查压紧链条的滚轮是否已与扶手带完全接触，以确保扶梯运行时压紧链条的滚轮能正常运转</td></tr>
<tr><td>检查扶手导轨连接处</td><td>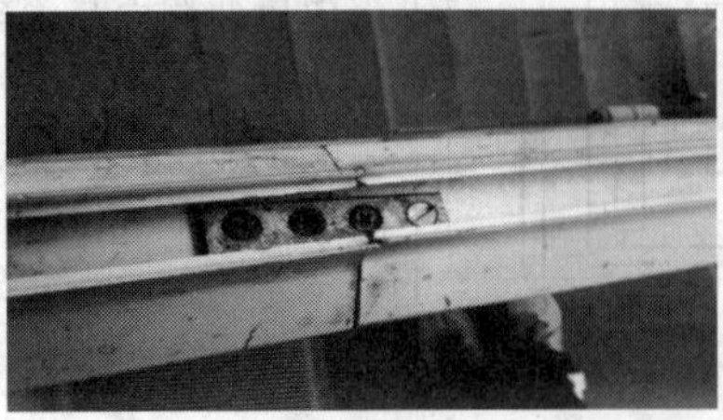</td><td>扶手导轨连接处应平滑，无毛刺或锐边</td></tr>
</table>

续表

步骤	过程图片	操作要点及说明
清洁扶手带及胶轮，润滑扶手带驱动链	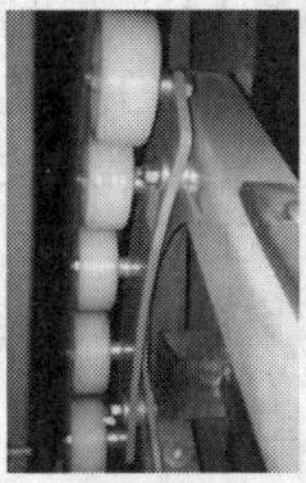 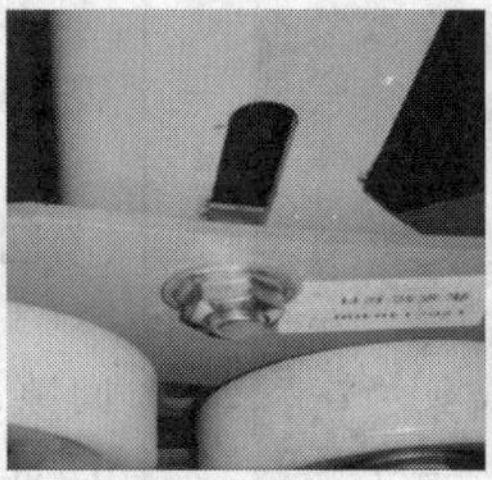	清洁扶手带、扶手带胶轮，擦去扶手带驱动链原有润滑脂，并涂上相应的新润滑脂
测量张紧胶轮与扶手带开口间隙		张紧胶轮与扶手带开口间隙应不小于 0.5 mm
调整扶手带张紧胶轮		调整扶手带张紧胶轮，确保胶轮运转平稳
检查扶手带托轮		（1）检查扶手带托轮与扶手带之间的位置是否呈 90° 角度状态（是□，否□） （2）扶手带运行时，扶手带与托轮应无噪声
清洁、润滑扶手带	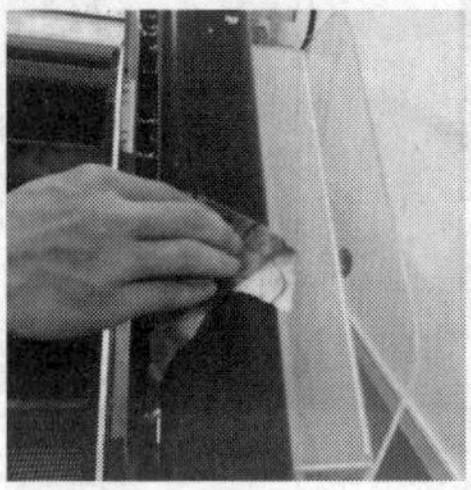	（1）用扶手带清洁剂润湿抹布，再用抹布擦拭扶手带的顶部，直到扶手带被擦到洁净光亮为止，然后用软布涂上扶手带光亮剂擦拭扶手带，以增加其光亮度 （2）扶手带应转动正常，运行平稳，无异常响声和阻力

续表

步骤	过程图片	操作要点及说明
安装内、外盖板并检查	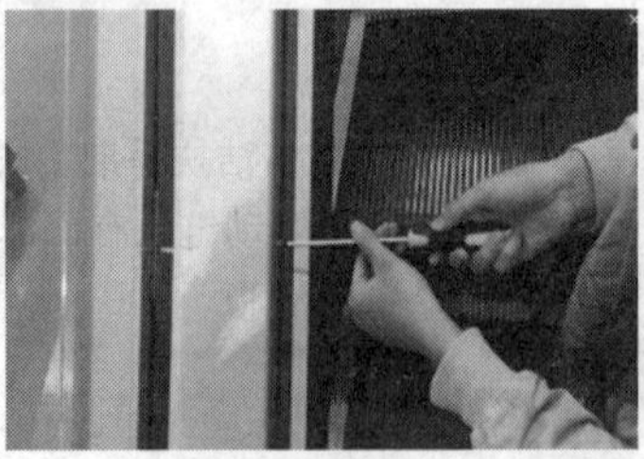	（1）检查护壁板边沿与内盖板之间是否有间隙（是□，否□） （2）检查内盖板安装螺栓有无松动（有□，无□） （3）检查内盖板连接处有无台阶和间隙（有□，无□），偏差应不超过 0.5 mm
梯级就位	 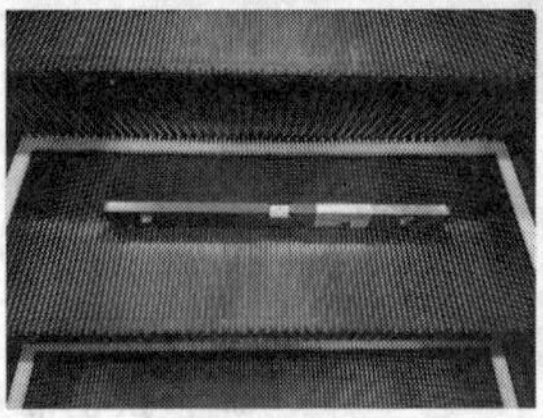	梯级就位，调整梯级安装螺栓
测量扶手带与梯级的速度差		（1）用手将测速表的滚轮沿滚动方向直接放在扶手带表面，并用力下压，使其接触扶手带，稳定后，记录显示的数据（v_1=________） （2）用手将测速表的滚轮沿滚动方向直接放在梯级梳齿条上，稳定后，记录显示的数据（v_2=________） （3）检查扶手带与梯级的速度偏差是否为 0 ~ 2%（是□，否□）
测量围裙板与梯级的间隙		检查围裙板与梯级的间隙是否单边不超过 4 mm，两边之和不超过 7 mm（是□，否□）

续表

步骤	过程图片	操作要点及说明
测量护壁板之间的间隙		检查护壁板之间的间隙是否不超过4 mm（是□，否□）
检查扶手带上、下端部入口保护开关	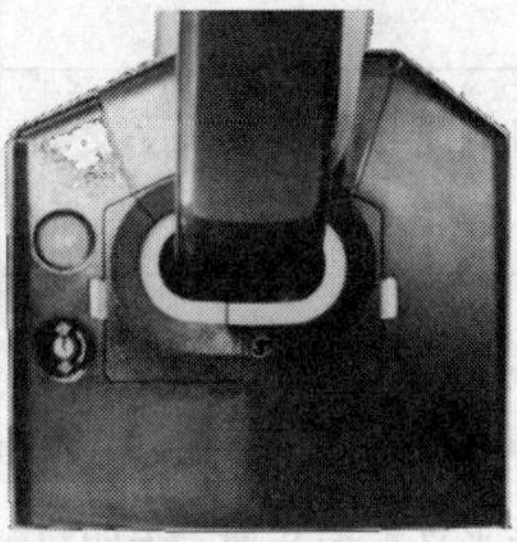	检查扶手带上、下端部入口保护开关动作是否可靠（是□，否□）
检查围裙板安全开关	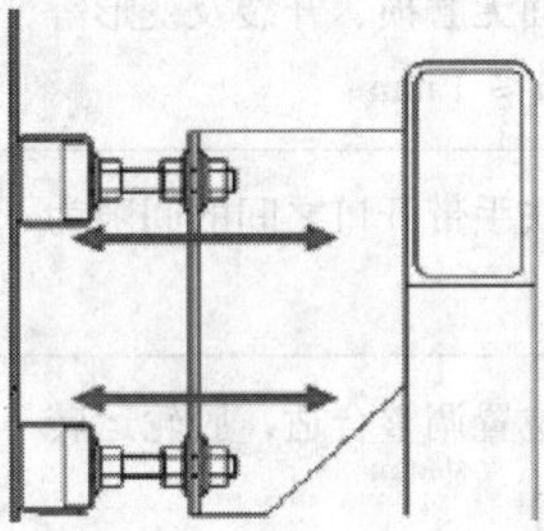	检查围裙板安全开关动作是否可靠（是□，否□）
运行检查		（1）合上扶梯电源，慢车运行，梯级运行应平稳、可靠 （2）扶梯快车运行，应无异常振动和噪声
修理说明	当扶手带出现抖动故障时，可能原因有扶手带驱动力大小不合适、扶手带张紧力大小调节不合格、扶手带与关联部件间有异常摩擦或异物卡阻等，需逐一排查扶手带张紧装置、扶手带驱动装置、扶手装置等	

三、交付验收

1．按表 3–4–7 所示扶梯扶手带抖动故障检修结果验收标准进行验收，将检查结果填入表中。

表 3–4–7　　扶梯扶手带抖动故障检修结果验收标准

序号	检查项目	检查标准	检查结果
1	扶手装置检查	护壁板之间间隙≤ 4 mm	合格□，不合格□
2		护壁板连接处高低差＜ 1 mm	合格□，不合格□
3		围裙板连接处无重叠，间隙为 0.5 mm 左右	合格□，不合格□
4		扶手带开口侧面与导轨或扶手支架侧面的间隙≤ 8 mm	合格□，不合格□
5		扶手带与梯级运行速度偏差为 0 ~ 2%	合格□，不合格□
6		扶手带洁净光亮、无开裂、无明显磨痕	合格□，不合格□
7	扶手带张紧装置检查	张紧轮表面无磨损、开裂及变形等异常，磨损量≤ 1 mm	合格□，不合格□
8		张紧轮与扶手带开口之间的间隙为 0.5 ~ 3 mm	合格□，不合格□
9		张紧装置位置调整合适，胶轮运转平稳	合格□，不合格□
10	扶手带驱动装置检查	扶手带与驱动摩擦轮两侧间隙≥ 2 mm	合格□，不合格□
11		扶手带驱动链加油嘴在扶手带驱动链上方 3 ~ 5 cm，扶手带驱动链润滑良好	合格□，不合格□
12	运行检查	接通电源，检查自动扶梯运行情况，自动扶梯运行时应无振动、异常的响声和摩擦声	合格□，不合格□
自检结果			合格□，不合格□

2．记录验收过程中存在的问题，小组讨论解决问题的方法，并填入表 3–4–8 中。

表 3–4–8　　　　　　　　　验收过程问题记录表

序号	验收中存在的问题	改进和完善措施	完成时间	备注
1				
2				
3				
4				
5				

四、整理工作现场

按生产现场管理 6S 标准，整理工作现场，清除作业垃圾，经指导教师检查合格后方可离开工作现场。

学习活动5　工作总结与评价

学习目标

1. 能按分组情况，派代表展示工作成果，说明本次任务的完成情况，并做分析总结。

2. 能结合任务完成情况，正确规范地撰写工作总结。

3. 能就本次任务中出现的问题提出改进措施。

4. 能对学习与工作进行反思总结，并能与他人开展良好合作，进行有效沟通。

建议学时　2学时

学习过程

一、个人、小组评价

以小组为单位，选择演示文稿、展板、海报、视频等形式中的一种或几种，向全班展示、汇报学习及检修成果。在展示的过程中，以小组为单位进行评价；评价完成后，根据其他小组成员对本组展示成果的评价意见进行归纳总结。

汇报思路设计：

其他小组的评价意见：

二、教师评价

认真听取教师对本小组展示成果优缺点以及在任务完成过程中出现的亮点和不足的评价意见，并做好记录。

1．教师对本小组展示成果优点的点评。

2．教师对本小组展示成果缺点以及改进方法的点评。

3．教师对本小组在整个任务完成过程中出现的亮点和不足的点评。

三、工作过程回顾及总结

1．在团队学习过程中，项目负责人给你分配了哪些工作任务？你是如何完成的？还有哪些需要改进的地方？

2．总结完成扶梯扶手带抖动故障检修任务过程中遇到的问题和困难，列举 2 ～ 3 点你认为比较值得和其他同学分享的工作经验。

3．回顾本学习任务的工作过程，对新学专业知识和技能进行归纳和整理，撰写工作总结。

工作总结

4．扶梯扶手带运行过程中还常出现扶手带比梯级速度慢、扶手带发烫及有异响等现象，试结合本任务所积累的知识，查阅相关资料，了解扶手带出现上述故障现象的原因及处理方法，并记录在表3–5–1中。

表3–5–1　扶手带常见故障现象、原因及处理方法

序号	故障现象	故障原因	处理方法
1	扶手带比梯级速度慢		
2	扶手带发烫		
3	扶手带运行时有“咔咔”响声		

评价与分析

按照客观、公正和公平原则，在教师的指导下按自我评价、小组评价和教师评价三种方式对自己或他人在本学习任务中的表现进行综合评价。综合等级按 A（90 ~ 100）、B（75 ~ 89）、C（60 ~ 74）、D（0 ~ 59）四个级别进行填写，见表 3-5-2。

表 3-5-2　　学习任务综合评价表

考核项目	评价内容	配分（分）	评价分数		
			自我评价	小组评价	教师评价
职业素养	劳动保护用品穿戴完备，仪容仪表符合工作要求	5			
	安全意识、责任意识强	6			
	积极参加教学活动，按时完成各项学习任务	6			
	团队合作意识强，善于与人交流和沟通	6			
	自觉遵守劳动纪律，尊敬师长，团结同学	6			
	爱护公物，节约材料，管理现场符合 6S 标准	6			
专业能力	专业知识扎实，有较强的自学能力	10			
	操作积极，训练刻苦，具有一定的动手能力	15			
	技能操作规范，注重检修工艺，工作效率高	10			
工作成果	扶梯故障检修符合工艺规范，检修质量高	20			
	工作总结符合要求	10			
总　　分		100			
总评	自我评价 ×20%+ 小组评价 ×20%+ 教师评价 ×60%=	综合等级	教师（签名）：		